Harry Blake Hodges

A Course in Scientific German

Harry Blake Hodges

A Course in Scientific German

ISBN/EAN: 9783337414573

Printed in Europe, USA, Canada, Australia, Japan

Cover: Foto ©berggeist007 / pixelio.de

More available books at **www.hansebooks.com**

A COURSE IN SCIENTIFIC GERMAN.

PREPARED BY

HARRY BLAKE HODGES,

INSTRUCTOR IN CHEMISTRY AND GERMAN IN HARVARD UNIVERSITY.

BOSTON:
PUBLISHED BY D. C. HEATH & CO.
1887.

PREFACE.

IN preparing this book my object has been to supply the want, long felt by English and American students of science, of some aid in the acquirement of a knowledge of the German language of a sufficiently practical nature to enable them to read with ease the scientific literature of Germany.

The great difference between the words, phrases, and general style of the German of polite literature, — usually the only kind taught in our schools and colleges, — and that of scientific writers, will, I think, justify me in the use of the phrase "Scientific German," and in making a special course of this branch of the language.

How inadequate the knowledge of German acquired through the aid of the text-books commonly used in this country is to the wants of the student of science I know from my own experience, as well as from that of the many American and English students whom I met during my three years' residence in Germany; and since my return I have been struck by the difficulty which students who have studied German two years at this University find in reading German scientific journals.

The book begins with exercises in German and English, the sentences being carefully selected and arranged from standard text-books on Physics, Chemistry, Mineralogy, and Botany; each subject is treated by itself, and the whole is divided into twenty-one lessons, each lesson being followed by a series of questions in German on its subject-matter, the object of this being to drill the ear of the student, and give him practice in framing the answers for himself from the context, and in committing them to memory; for, while I do not believe it possible for a student to learn to converse in German *with facility* without residing in Germany, or at least in a German family, still I see no reason why he should not be taught to understand the spoken language, and to express himself briefly and to the point, by means of some such method as I have adopted.

Great care has been taken to select only such sentences as represent the more general and important facts in each science, and such as can be easily understood without the aid of diagrams and figures; these have been arranged with reference to the gradual development of the subject, in order to impart to the whole a certain degree of completeness. A student can begin this book, therefore, without having had any scientific training, and — although this is not the purpose of the book — he will become more or less familiar with the main principles of the natural sciences, at the same time that he is mastering the difficulties of the language.

It is assumed, however, that the student has some knowledge of the general principles of the language, and has had some practice in reading easy German prose and in translating simple English sentences into German; the book is therefore to be used by classes in colleges and scientific schools in their second year's course in German, or during the latter part of their first.

All scientific words and phrases the student will find in the vocabulary at the end of the book; the meanings of other words and phrases, excepting those most commonly occurring, which the student is supposed to know already, are given at the head of the exercises in which they first occur.

The second part consists of a collection of articles on scientific subjects of general interest, adapted from the writings of the first scientific men of Germany. Following the custom now observed almost universally in Germany in printing scientific works, ordinary Roman type has been used throughout this book.

In writing the vocabulary I have endeavored to meet the needs of the student of science by limiting it to the *purely scientific* terms occurring in works on physical, chemical, mineralogical, and botanical subjects, together with the more important geological, mathematical, and astronomical terms, omitting the greater number of the mechanical and commercial phrases to which so much space is devoted in "Dictionaries of Technical Terms." In spite of the labor and care expended on this part of my work, I am conscious that, in my endeavor to condense my material as much as possible, I have omitted some words which ought to have been given; in the *German-English* part I have left out a few physical terms, such as **achromatisch**, *achromatic*, **Cohäsion**, *cohesion*, and **convex**, *convex*, the meanings of which are evident from their great similarity to their English equivalents. In both parts of the vocabulary the German words have been printed in **full-faced** type and their English equivalents in *italics*, for the sake of uniformity and preventing confusion in looking out words.

The German-English vocabulary contains the meanings of about twenty-five hundred words and phrases.

The principal sources consulted in the preparation of the vocabulary are, Lucas' German and English Dictionary,

Bischoff's Deutsch-lateinisches Verzeichniss der botanischen Kunstausdrücke, and the glossaries in Gray's Botany and Dana's Mineralogy.

The instructor will, of course, use his own judgment in regard to the omissions and changes which may seem to him necessary in using this book, to adapt it to the capacity of his classes; and I would only suggest the advisability of illustrating the text practically from time to time by means of drawings, models, specimens, etc., with verbal explanations in German, for the threefold purpose of elucidating the subject, of impressing the German names more firmly on the memory of the students, and of sustaining their interest in the recitation.

I would finally express my gratitude to President Eliot, and Professors Cooke, Jackson, and Goodale of this University, and also to my former German teacher, Mr. Carl Siedhof, of Boston, for their kind encouragement and suggestions during the progress of my work.

H. B. H.

HARVARD UNIVERSITY, CAMBRIDGE,
July, 1877.

CONTENTS.

PART I. EXERCISES.
	PAGE
PHYSICS	1
CHEMISTRY	19
MINERALOGY	34
BOTANY	43

PART II. ESSAYS.

DAS STUDIUM DER NATURWISSENSCHAFTEN	*v. Liebig*	53
DIE TEMPERATUR DER ERDE	*Müller*	55
NEBEL, WOLKEN UND REGEN	*Müller*	58
GLETSCHER	*Credner*	60
DAS THERMOMETER	*Müller*	63
DIE TONEMPFINDUNGEN	*Helmholtz*	65
DIE DAMPFMASCHINE	*Müller*	68
EINWIRKUNG DER WÄLDER AUF DAS KLIMA	*Grisebach*	71
CHEMISCHE ANALYSE	*Fresenius*	73
PHOTOGRAPHIE	*Müller*	76
VULKANISCHE ERUPTIONEN	*Credner*	78
URSPRUNG DER ACKERERDE	*v. Liebig*	81
URSPRUNG DES HUMUS	*v. Liebig*	83
DER KREISLAUF DES STOFFES IN DER NATUR	*v. Liebig*	86
DIE BEWEGUNGEN DER PFLANZEN	*Sachs*	91
DIE SPECTRALANALYSE	*Bunsen and Kirchhoff*	94
DIE ENTSTEHUNG DES PLANETENSYSTEMS	*Helmholtz*	97

VOCABULARY OF SCIENTIFIC TERMS..................... 1

PART I.

EXERCISES.

PHYSICS.

LESSON I.—Physics.

Exercise 1.

Gegenstand, m. *subject.*
Betrachten, *to consider.*
Wirksam, *efficient, active.*
Streben, *to endeavor.*

Stattfinden, *to take place.*
Berühren, *to touch.*
Ursache, f. *cause.*
Ausüben, *to exercise.*

Physik oder Naturlehre ist derjenige Theil der Naturwissenschaft, welcher die Gesetze der Naturerscheinungen zum Gegenstand hat. Die Naturlehre betrachtet die Eigenschaften des Stoffes oder der Materie, welche den Raum erfüllt. Ein Naturkörper ist ein mit Stoff erfüllter Raum. Alle Naturkörper lassen sich nach der Verschiedenheit des Zusammenhangs ihrer Theile oder ihres Aggregatzustandes in drei Hauptklassen unterscheiden: feste, tropfbar flüssige und luftförmige Körper. Die meisten Körper können, namentlich durch Einwirkung der Wärme, aus einem in den anderen Aggregatzustand übergeführt werden.

Die zwischen zwei Körpertheilen wirksame Kraft ist eine anziehende oder abstossende, je nachdem sie dieselben einander zu nähern oder von einander zu entfernen strebt. Cohäsion ist die Anziehung, welche zwischen den benachbarten Theilchen eines festen Körpers stattfindet. Wenn man die Theile eines festen oder flüssigen Körpers einander zu nähern sucht, wird zwischen den benachbarten Molekülen eine Abstossungskraft erzeugt.

Adhäsion heisst die zwischen den Theilchen zweier verschiedener, einander unmittelbar berührender Körper wirkende Anziehungskraft, durch welche dieselben an einander haften.

Die Erfahrung lehrt, dass alle Körper, welche sich in der Nähe der Erdoberfläche befinden, das Bestreben zeigen, zu fallen. Die Ursache des Falls der Körper ist eine von der Erde auf dieselben ausgeübte Anziehungskraft, welche Schwerkraft genannt wird.

Exercise 2.

First of all, *vor Allem.*
Definite, *bestimmt.*
Retain, to, *behalten.*
Requires, *muss* (3d pers.).
Keep, to, *aufbewahren, halten.*
On all sides, *auf allen Seiten.*

To conceive of, *sich etwas vorstellen.*
By reference to, *mit Bezugnahme auf.*
Destroy, to, *vernichten.*
Prominent, *hervorragend.*
In virtue of, *vermöge.*
On the small scale, *im Kleinen.*

There are three different states of matter. There is, first of all, the *solid* state, in which a body has a definite form and endeavors to retain it; secondly, the *liquid* state, in which the body requires to be kept in a vessel, and adapts itself so as always to have its surface horizontal; thirdly, the *gaseous* state, in which the body cannot be held in an open vessel, but must be shut in on all sides and always fills the vessel in which it is held.

We can only conceive of relative motion, for when a body is in motion we can only know the fact by reference to some other body which is not moving with it.

It needs force to produce motion, and it needs force to destroy it. We have various kinds of force in nature, the most prominent being the force of *gravitation.*

It is in virtue of this force that a body falls to the ground, and it is in virtue of this same force that the earth moves round the sun. On the small scale we have the force of *cohesion,* in virtue of which the molecules of a body keep together.

Questions.

1. Was versteht man unter " Physik."?
2. Womit ist der Raum erfüllt?
3. Was ist also ein Naturkörper?
4. Wie viele Aggregatzustände der Materie giebt es?
5. Wann ist die zwischen zwei Korpertheilen wirksame Kraft eine anziehende, und wann ist sie eine abstossende?
6. Was ist der Unterschied zwischen Cohäsion and Adhäsion?
7. Kann ein Körper in mehr als einem Aggregatzustand existiren?
8. Wie kann man einen Körper aus einem in einen anderen Zustand überführen?
9. Wie erklärt man die Ursache des Fallens eines Körpers?
10. Was hat diese Kraft mit der Bewegung der Erde zu thun?

LESSON II.—Mechanics.

Exercise 3.

Behandeln, *to treat of.*
Beibehalten, *to keep.*
Verändern, *to change.*
Durchlaufen, *to pass over,* lit. *to run through.*
Strecke, f. *tract, distance.*
Zurücklegen, *to travel, to go over.*
Zeitabschnitt, m. *period.*
Fortwährend, *constantly.*

Abnehmen, *to decrease.*
Beharren, *to continue.*
Richtung, f. *direction.*
Entgegensetzen, *to oppose.*
Heben, *to lift, to raise.*
Erforderlich, *needful.*
Last, f. *burden, weight.*
Ueberwindung, f. *overcoming.*
Unterscheiden, *to distinguish.*

Die *Mechanik* behandelt im Allgemeinen die Gesetze des Gleichgewichts und der Bewegung der Körper. Man unterscheidet die *Statik* oder Lehre vom Gleichgewicht und *Dynamik* oder Lehre von der Bewegung. Ein Körper ruht, wenn er seine Lage im Raum unveränderlich beibehält; er bewegt sich, wenn er dieselbe verändert. Der von dem Körper im Raume durchlaufene Weg heisst die Bahn der Bewegung. Gleichförmig ist die Bewegung, wenn in gleichen Zeiten immer gleiche Strecken der Bahn zurückgelegt werden. Eine ungleichförmige Bewegung heisst *beschleunigt*, wenn die in gleichen Zeitabschnitten zurückgelegten Strecken fortwährend wachsen; *verzögert*, wenn dieselben abnehmen. Das Verhältniss des in einem gewissen Zeitabschnitt zurückgelegten Weges zur Grösse dieses Zeitabschnitts heisst *Geschwindigkeit*. Die Eigenschaft der Materie, ohne Einwirkung äusserer Kräfte in ihrem Bewegungszustand zu beharren, heisst *Beharrungsvermögen* oder *Trägheit*. Wirken auf einen materiellen Punkt zwei gleich grosse, der Richtung nach entgegengesetzte Kräfte, so bleibt der Punkt in Ruhe oder er befindet sich im Zustand des *Gleichgewichts*.

Um eine Last auf eine bestimmte Höhe zu heben, ist eine gewisse Arbeit erforderlich. Umgekehrt vermag das Gewicht, indem es von der Höhe herabsinkt, eine gleiche Arbeit zu leisten, z. B. ein gleiches Gegengewicht auf dieselbe Höhe zu heben.

Zur Fortbewegung einer Last auf einer horizontalen Ebene ist nur die zur Ueberwindung der entgegenwirkenden Reibung verbrauchte Arbeit erforderlich.

Exercise 4.

Tending, *deren Tendenz ist.*
Stop, to, *hemmen, hindern.*
Application, *Anwendung,* f.
Pressure, *Druck,* m.
Resistance, *Widerstand,* m.
Either — or, *entweder — oder.*
Altogether, *ganz und gar.*
Modify, *mässigen.*
Precisely, *genau.*
Equal to, *gleich.*
In other words, *mit anderen Worten.*
Recoil, *Rückschlag,* m.
Bullet, *Kugel,* f.
Power, *Vermögen,* n.

Velocity means the whole space moved over divided by the time taken. Friction and the resistance of the atmosphere are the two great forces tending to stop all motion at the earth's surface. The product of the mass of a moving body into its velocity is called its *momentum*. A body cannot alter its state of rest or motion without the application of a force. A force acts in the same manner upon a body in motion as if it were at rest. When the force of gravity does not produce its full motion, it causes pressure, which is measured by the resistance or opposing force, which either altogether stops or modifies the motion. The momentum generated in one direction is precisely equal to that generated in the other, or, in other words, action and reaction are equal and opposite; for example, the recoil of a gun is the reaction to the forward motion of the bullet.

Energy means the power of doing work. There are two kinds of energy which are being continually changed into each other, and these are the energy of actual motion (or *kinetic* energy) and the energy of position (or *potential* energy). Energy is not destroyed by impact, but is converted into heat.

Questions.

1. Welche physikalischen Gesetze werden von der Mechanik behandelt?
2. Wann kann man sagen, dass ein Körper ruht? wann, dass er sich bewegt?
3. Was ist die "Bahn" eines Planeten?
4. Wann ist eine Bewegung gleichförmig, and wann ist sie beschleunigt?
5. Was versteht man unter der Geschwindigkeit eines sich bewegenden Körpers?
6. Was heisst das "Beharrungsvermögen"?
7. Wann ist ein Körper im Gleichgewicht?
8. Wenn ein Pferd einen Wagen zieht, welche entgegenwirkende Kraft wird überwunden?
9. Wie erklärt man den Rückschlag einer Flinte?
10. Was bedeutet das Wort "Energie"?

LESSON III.—Mechanics (*continued*).

Exercise 5.

Bestehen, *to consist, to be composed.*
Unterwerfen, *to subject.*
Unterstützen, *to support.*
Einfluss, m. *influence.*
Oeffnung, f. *opening, aperture.*

Wesentlich, *essential.*
Bilden, *to form.*
Boden, m. *bottom.*
Wand, f. *wall, side.*
Erlangen, *to acquire, to attain.*

Alle bekannten Körper bestehen aus Massentheilchen, welche der Wirkung der Schwerkraft unterworfen sind.

Die Wirkungen der Schwerkraft auf alle einzelnen Theilchen des Körpers können in eine Resultirende vereinigt werden. Der Angriffspunkt dieser Resultirenden heisst der Schwerpunkt. Wird der Körper in seinem Schwerpunkt unterstützt, so ist derselbe unter Einfluss der Schwerkraft in jeder Lage im Gleichgewicht.

Newton's Gravitationsgesetz: Alle Theile der Materie ziehen einander an mit einer Kraft, welche den anziehenden Massen direkt, den Quadraten der Entfernungen aber umgekehrt proportional ist.

Die wesentliche Grundeigenschaft der Flüssigkeiten ist die leichte Verschiebbarkeit ihrer Theile. Eine tropfbare Flüssigkeit kann unter Einfluss der Schwerkraft in einem offenen Gefäss nur im Gleichgewicht sein, wenn ihre freie Oberfläche eine horizontale Ebene bildet.

Wird in dem Boden oder der Wand eines mit Flüssigkeit gefüllten Gefässes eine Oeffnung angebracht, so strömt die Flüssigkeit aus derselben hervor mit einer Geschwindigkeit, welche mit der Druckhöhe wächst.

Torricelli's Satz: Die Ausflussgeschwindigkeit ist gleich der Endgeschwindigkeit, welche ein Körper erlangen würde, wenn er vom Flüssigkeitsniveau bis zur Höhe der Ausflussöffnung frei herabfiele.

PHYSICS. 7

Exercise 6.

Displacement, *Verstellen*, n.
Recover, to, *wieder erlangen.*
Original, *ursprünglich.*
Imperfect, *unvollkommen.*
Honey, *Honig*, m.
Offer resistance, to, *Widerstand leisten.*
Compress, *zusammendrücken.*
Immerse, to, *eintauchen.*
Remain suspended, *schweben.*
Select, *wählen.*
Determine, *bestimmen.*
Loss of weight, *Gewichtsverlust*, m.

There are two kinds of equilibrium, stable and unstable. When a body is in stable equilibrium, and a displacement takes place, it tries to recover its former position. When a body is in an unstable equilibrium, if it be displaced it shows a tendency to depart farther and farther from its original position.

When a substance is in an imperfect state of liquidity, it is said to be *viscous*. Honey is a viscous fluid. Liquids offer very great resistance to forces which attempt to compress them into smaller volume. The pressure on any layer of liquid contained in an open vessel is proportional to its depth below the surface. If a solid be immersed in a fluid whose density is the same as its own, it will remain suspended in that fluid. If the density of the solid be greater than that of the fluid, it will sink; if it be less, the body will rise to the surface. The specific gravity of a body is the ratio of its weight to that of an equal volume of some substance which has been selected as the standard. To determine specific gravity of solids: Divide the whole weight of a solid body by its loss of weight when weighed in water at 4° Celsius.

Questions.

1. Welcher Kraft sind die Theilchen aller Körper unterworfen?
2. Was ist der Schwerpunkt eines Körpers?
3. Wann ist ein Körper im Gleichgewicht?
4. Giebt es mehr als eine Art Gleichgewicht?
5. Geben Sie das Newton'sche Gravitationsgesetz an.
6. Was ist die Haupteigenschaft der Flüssigkeiten?

7. Unter welchen Umständen ist eine tropfbare Flüssigkeit im Gleichgewicht?
8. Auf welche Weise bestimmt man die Ausflussgeschwindigkeit einer Flüssigkeit?
9. Was ist das specifische Gewicht eines Körpers?

LESSON IV.—Mechanics (*concluded*).

Exercise 7.

Gemein haben, *to have in common.*
Mangel, m. *want.*
In Folge, *in consequence (of).*
Hinsicht, f. *respect.*
Aussetzen, *to expose.*
Annähernd, *approximate.*
Flaumfeder, f. *down.*
Entfernung, f. *removal.*

Die luftförmigen Körper haben mit den tropfbaren Flüssigkeiten die leichte Verschiebbarkeit der Theilchen gemein, unterscheiden sich aber von denselben durch den gänzlichen Mangel der Cohäsion und das Bestreben ihrer Theile, sich möglichst weit von einander zu entfernen. In Folge ihrer Schwere übt die Atmosphäre auf die an der Erdoberfläche befindlichen Körper einen beträchtlichen Druck aus. Eine in einem geschlossenen Gefäss enthaltene Gasmasse übt in Folge ihrer Elasticität einen Druck auf die Wände des Gefässes aus. Mariotte's Gesetz: Das Volumen einer Gasmasse ist dem Drucke, welchem dieselbe ausgesetzt ist, umgekehrt proportional, oder die Dichtigkeit wächst im geraden Verhältniss des Druckes. Die Luftpumpe dient dazu, durch Entfernung der Luft aus einem Gefäss oder Recipienten einen luftverdünnten oder annähernd luftleeren Raum zu erzeugen. Ein Stück Metall und eine Flaumfeder fallen im luftleeren Raum gleich schnell. Der Heber ist eine gebogene Röhre mit zwei ungleich langen Schenkeln, welche zur Ueberführung einer Flüssigkeit aus einem Gefäss in ein anderes dient.

Exercise 8.

For convenience' sake, *der Bequemlichkeit wegen.*
Joint effect, *gemeinschaftliche Wirkung.*
Is chiefly composed of, *besteht hauptsächlich aus.*
Convert, to, *verwandeln.*
At ordinary temperatures, *bei gewöhnlicher Temperatur.*
Breathe, } to, *athmen, einathmen.*
Inhale,
Balloon, *Luftschiff,* n.

Elastic fluids have been divided, for convenience' sake, into gases and vapors. A gas is a substance which at ordinary temperatures remains gaseous. Oxygen and carbonic anhydride are gases. A vapor is a substance in the gaseous form which at ordinary temperatures is solid or liquid. Steam is a vapor. All gases have been converted into liquids through the joint effect of pressure and cold. The following six substances were first liquified in 1887 : oxygen, hydrogen, nitrogen, nitric oxide, carbonic oxide, and marsh gas. Our atmosphere is chiefly composed of a mixture of the two elementary gases, oxygen and nitrogen. When animals breathe, or when combustion of organic matter takes place, the oxygen of the air is thereby converted into carbonic acid gas (carbonic anhydride). Plants inhale carbonic anhydride. They assimilate the carbon and give out the oxygen.

Gases as well as liquids possess buoyancy. When a large globe is filled with some gas that is lighter than air, it will, on account of this buoyancy, strive to rise in the atmosphere. A balloon rises from this cause. Many liquids have the power of absorbing or retaining gas. Charcoal has the power of absorbing a considerable quantity of various kinds of gas.

Questions.

1. Welche Eigenschaft haben die Gase mit den tropfbaren Flüssigkeiten gemein ?
2. In welcher Hinsicht unterscheiden sie sich von einander ?
3. Was ist die Ursache des Druckes der Atmosphäre auf die Erde ?

4. Was lehrt uns das Mariotte'sche Gesetz?
5. Wozu dient die Luftpumpe?
6. Beschreiben Sie den Heber. Wozu dient er?
7. Was ist der Unterschied zwischen Gasen und Dämpfen?
8. Welche Gase wurden früher für permanente Gase gehalten?
9. Aus welchen Gasen besteht unsere Atmosphäre?
10. Was ist die Ursache des Steigens eines Luftschiffes?

LESSON V.—Sound.

Exercise 9.

Erschütterung, f. *concussion.*   **Gehörorgan,** n. *organ of hearing.*
Veranlassen, *to occasion.*   **Geräusch,** n. *noise.*
Abwechselnd, *alternating.*   **Herrühren,** *to come from.*

Jede intensive Erschütterung der Luft veranlasst ein System von Wellen, welche aus abwechselnden Verdichtungen und Verdünnungen bestehen und sich kugelförmig ausbreiten. Wird die Wellenbewegung bis zu unserem Gehörorgan fortgepflanzt, so nehmen wir dieselbe als Schallempfindung wahr. Eine unregelmässige Lufterschütterung wird als ein Geräusch empfunden. Ein Klang oder Ton wird durch regelmässige Oscillationen des tönenden Körpers hervorgebracht. Die Stärke oder Intensität des Tones hängt von der Schwingungsweite oder Amplitude ab. Die Höhe des Tones wird durch die Schwingungsdauer oder durch die Anzahl der Schwingungen bedingt. Die Klangfarbe des Tones rührt von der verschiedenen Form der Wellen her.

Diejenigen Tonintervalle, deren Zusammenklingen einen harmonischen Eindruck auf unser Ohr macht, werden durch die einfachsten Zahlenverhältnisse dargestellt.

PHYSICS.

Die tonerregenden Körper können in drei Gruppen eingetheilt werden : 1. durch Spannung elastische Körper ; 2. durch Steifigkeit elastische Körper ; 3. luftförmige und tropfbar flüssige Körper. Das Echo (Wiederhall) beruht auf der Reflexion der Schallwellen durch feste Körper. Alle Töne pflanzen sich mit gleicher Geschwindigkeit fort.

Exercise 10.

Ordinary, *gewöhnlich.*
Transmit, to, *fortpflanzen.*
Travel, to, *zurücklegen.*
Leading qualities, *Haupteigenschaften.*
Ear, *Ohr,* n.
Increase, to, *wachsen.*
Strengthen, to, *verstärken.*
Proximity, *Nähe,* f.

Any body which vibrates and produces a sound is called a sonorous or sounding body. Sound is not propagated in vacuo. Air is the ordinary medium through which sound is transmitted. All gases, liquids, and solids transmit sound. Sonorous waves are propagated in the form of concentric spheres. A condensed and rarefied wave together form a sound wave. Sound travels 1,090 feet in a second in air. Musical tones have three leading qualities, namely, pitch, intensity, and timbre or color. The intensity of sound is inversely as the square of the distance of the sonorous body from the ear. The intensity of the sound increases with the amplitude of the vibrations of the sounding body. Sound is strengthened by the proximity of a sonorous body.

Questions.

1. Wodurch entsteht ein Schall ?
2. Was ist der Unterschied zwischen einem Ton und einem Geräusch ?
3. Welches sind die Haupteigenschaften der Töne ?
4. Wovon hängt die Höhe eines Tones ab ?
5. Wovon hängt die Stärke oder Intensität eines Schalles ab ?
6. Wovon hängt die Klangfarbe ab ?

7. Wie erfolgt die Fortpflanzung des Schalles?
8. Wie gross ist die Fortpflanzungsgeschwindigkeit des Schalles in der Luft?
9. Pflanzen sich alle Töne mit gleicher Geschwindigkeit fort?
10. Was geschieht, wenn die Schallwellen auf einen festen Körper treffen?

LESSON VI.—Light.

Exercise 11.

Eindruck, m. *impression.* **Durchgang,** m. *passage.*
Empfindung, f. *sensation.* **Zerfallen,** *to be divided.*
Zurückwerfen, *to reflect.* **Grenzfläche,** f. *boundary line.*

Die Eindrücke, welche wir durch das Auge empfangen, nennen wir Lichtempfindungen.

Die meisten Körper vermögen nicht selbständig Licht hervorzubringen, sondern werfen nur das Licht zurück, welches sie von anderen leuchtenden Körpern empfangen. Zu den selbstleuchtenden Körpern gehören die Sonne, verbrennende und glühende Körper, phosphorescirende Körper, und leuchtende Organismen. Das von einem leuchtenden Körper ausgehende Licht verbreitet sich nach allen Richtungen in geraden Linien, welche man Lichtstrahlen nennt. Nach ihrem Verhalten gegen auffallende Lichtstrahlen zerfallen die Körper in durchsichtige und undurchsichtige, je nachdem sie den Lichtstrahlen den Durchgang gestatten oder nicht. Ein Mittelglied zwischen beiden bilden die durchscheinenden Körper. Trifft ein Lichtstrahl auf die Grenzfläche zweier durchsichtigen Körper, so wird derselbe theilweise reflektirt, theilweise aber dringt er aus dem ersten in das zweite Medium ein, und wird dabei von seiner geradlinigen Richtung abgelenkt oder gebrochen. Das weisse Licht ist durch die prismatische Brechung in verschiedenfarbige Strahlen zerlegt worden.

PHYSICS.

Das so erhaltene Farbenbild wird das Spektrum genannt. Das Licht besteht in einer Wellenbewegung des Lichtäthers, eines elastischen, den Weltraum erfüllenden und alle Körper durchdringenden Stoffes.

Exercise 12.

Cast, to, *werfen*.
Diminish, to, *abnehmen*.
Intersect, to, *durchschneiden*.
Midway, *in der Mitte*.
Wedge-shaped, *keilförmig*.
Disperse, to, *zerstreuen*.

Light moves in straight lines. Opaque bodies cast shadows. The intensity of light diminishes inversely as the square of the distance. The velocity of light is 192,500 miles in a second. If a ray of light strike a polished surface obliquely, it is reflected obliquely.

The angle of incidence is equal to the angle of reflection. Rays of light are either divergent, parallel, or convergent. Parallel rays which are reflected from a concave mirror intersect each other at a point midway between the mirror and its centre. This point is the principal focus of the mirror. Rays of light reflected from convex mirrors are divergent.

A lens is a disc of a refracting substance, which is bounded by curved surfaces, or by a plane and a curved surface. Lenses are either convex or concave. A prism is a wedge-shaped transparent substance. When light passes through a prism, its constituent rays are dispersed. The color of light is determined solely by its wave-length.

Questions.

1. Was verstehen wir unter Lichtempfindungen?
2. Vermögen alle Körper Licht hervorzubringen?
3. Welches sind die wichtigsten selbstleuchtenden Körper?
4. Wie bewegt sich das Licht?
5. Geht das Licht durch alle Körper hindurch?
6. Was versteht man unter einem durchscheinenden Körper?
7. Was geschieht, wenn ein Lichtstrahl auf die Gränzfläche zweier durchsichtigen Körper fällt?

8. Wie entstehen Schatten?
9. Aendert sich die Intensität der Beleuchtung mit der Entfernung der Lichtquelle?
10. Welches Verhältniss besteht zwischen den Winkeln des einfallenden und des reflectirten Strahles?

LESSON VII.—Heat.

Exercise 13.

Zuführen, *to convey, to supply.*
Uebergang, m. *transition.*
Allmälig, *gradually.*
Aufwallen, *to bubble up, to swell.*
Verbreitung, f. *distribution.*
Vorzüglich, *chiefly, especially.*
Uebereinstimmung, f. *accord, similarity.*
Unzweifelhaft, *without doubt.*

Die Wärmeerscheinungen haben ihren Grund in einem Bewegungszustand der kleinsten Körpertheilchen. Alle Körper werden (mit wenigen Ausnahmen) durch die Wärme ausgedehnt. Gay-Lussac fand, dass alle Gase durch die Wärme gleich stark ausgedehnt werden. Um die Temperatur eines Kilogramms Wasser um 1° C. zu erhöhen, muss demselben eine gewisse Wärmemenge zugeführt werden, welche man *Wärmeeinheit* oder *Calorie* nennt. Der Uebergang aus dem flüssigen in den luftförmigen Aggregatzustand heisst *Verdampfung*. Findet dieselbe allmälig an der Oberfläche der Flüssigkeit statt, so heisst sie *Verdunstung*.

Der schnelle Uebergang in den Dampfzustand unter aufwallender Bewegung der Flüssigkeit heisst *Sieden*. Beim Schmelzen, bei der Auflösung von Salzen, bei der schnellen Dampfbildung beim Sieden, und bei der Verdunstung wird Wärme verbraucht. Die *Specifische Wärme* oder *Wärmecapacität* einer Substanz ist diejenige Zahl von Wärmeeinheiten, welche erforderlich ist, um die Temperatur eines Kilogramms dieser Substanz um 1° C. zu erhöhen.

PHYSICS. 15

Die Verbreitung der Wärme geschieht auf doppelte Weise, nämlich : 1) durch Leitung, 2) durch Strahlung. Man unterscheidet gute und schlechte Wärmeleiter. Zu den ersteren gehören vorzüglich die Metalle, zu den letzteren Holz, Wolle, und dergleichen. Flüssigkeiten und Gase sind im Allgemeinen sehr schlechte Wärmeleiter. Die Uebereinstimmung zwischen Licht- und Wärmestrahlen ist so vollkommen, dass unzweifelhaft Licht und Wärme nur als zwei verschiedene Wirkungen derselben Aetherschwingungen betrachtet werden müssen. Zu den mechanischen Wärmequellen gehört die Erzeugung von Wärme durch Reibung und Compression, unter den chemischen Processen, welche zur Wärmeerzeugung dienen können, sind die Verbrennungsprocesse die wichtigsten.

Exercise 14.

High, *hoch.*
Low, *niedrig.*
Passes into, *geht in — über.*

Ascend, to, *aufsteigen.*
Convert, to, *umwandeln, verwandeln.*
Surround, to, *umgeben.*

Liquids expand more than solids for the same increment of temperature. Liquids expand more rapidly at a high than at a low temperature. The point at which ebullition begins is called the *boiling-point.* Sometimes the solid passes at once into a gas upon being [*wenn*] heated, without assuming the intermediate state [*Zwischenzustand*] of liquidity. This is called sublimation. Heat is distributed by conduction and radiation. If heat be applied to the bottom of a liquid, the heated particles will ascend, and their place will be taken by colder particles carried down from above, and the process will continue until the whole liquid is heated. This process is termed *convection.* A large quantity of heat is absorbed or rendered *latent* when bodies pass from the solid into the liquid, or from the liquid into the gaseous state. It is easy to convert mechanical energy wholly into heat, but it is impossible to convert heat wholly back into mechanical energy.

When a substance is heated, it gives out part of its heat to a medium which surrounds it. This heat energy is propagated as undulations in the medium, and proceeds outwards with the enormous velocity of 186,000 miles [*englische Meilen*] in a second.

Questions.

1. Was ist die wahre Natur der Wärme?
2. Welchen Einfluss hat die Wärme auf das Volumen der meisten Körper?
3. Werden alle Körper durch die Wärme gleich stark ausgedehnt?
4. Was versteht man unter Calorie?
5. Was ist der Unterschied zwischen Verdampfung und Verdunstung?
6. Was nennt man "Sieden"?
7. Bei welchen physikalischen Vorgängen wird Wärme verbraucht?
8. Was ist die Specifische Wärme einer Substanz?
9. Auf welche Weise geschieht die Verbreitung der Wärme?
10. Was sind die besten Wärmeleiter?
11. Worin besteht die Uebereinstimmung zwischen Licht und Wärme?
12. Was sind die wichtigsten Wärmequellen?
13. Was ist die Bedeutung des Ausdrucks "Latente Wärme"?

LESSON VIII.—Electricity and Magnetism.

Exercise 15.

Ebenfalls, *likewise*.
Mittheilen, *to impart*.
Reiben, *to rub*.
Kante, f. *edge*.
Sich ansammeln, *to accumulate*.
Ecke, f. *corner*.
Spitze, f. *point*.
Stetig, *continuous*.

Elektricität wird durch Reibung erregt. Die Nichtleiter der Elektricität werden durch Reiben elektrisch und behalten ihre

PHYSICS. 17

Elektricität. Die Leiter können ebenfalls elektrisch gemacht werden, bewahren den elektrischen Zustand aber nur dann, wenn sie isolirt sind. Die Nichtleiter werden auch Isolatoren genannt. Man unterscheidet positive und negative Elektricität. Zwischen gleichnamig elektrischen Körpern findet Abstossung, zwischen ungleichnamig elektrischen Körpern findet Anziehung statt. Die einem isolirten Leiter mitgetheilte Elektricität sammelt sich immer nur auf der Oberfläche des Leiters an. Die Dichtigkeit der Elektricität ist am grössten an hervorragenden Theilen des Leiters, also namentlich an scharfen Kanten, Ecken oder Spitzen. An diesen Stellen findet daher auch am leichtesten eine Ausströmung und Zerstreuung der Elektricität an die umgebende Luft statt. Die Elektrisirmaschine besteht aus dem geriebenen Körper, dem reibenden Körper oder Reibzeug und dem zur Ansammlung der erzeugten Elektricität dienenden, isolirten Leiter oder Conduktor. Man unterscheidet drei Arten der elektrischen Entladung: 1) die Funkenentladung, 2) die Büschelentladung, 3) die Glimmentladung. Der elektrische Funke entsteht, wenn zwei entgegengesetzte, elektrische Leiter einander bis auf eine hinreichend geringe Entfernung genähert werden. Die Büschelentladung findet statt, wenn bei grosser Dichtigkeit der Elektricität auf dem Conduktor kein Leiter in hinreichender Nähe steht, um einen Funken zu erzeugen. Die Glimmentladung besteht in einem stetigen, geräuschlosen Ausströmen der Elektricität, unter ruhigem Leuchten der Stelle, von welcher die Ausströmung erfolgt.

Exercise 16.

Bar, *Stange,* f.
Suspend, to, *aufhängen.*
Thread, *Faden.*
Nearly, *beinahe, nahezu.*
Powerful, *stark.*

Keep up, to, *unterhalten.*
North and South, *nach Norden und Süden.*
Point, to, *zeigen, hinweisen.*
Trace, *Spur,* f.

There is a certain kind of iron ore, called magnetic iron, or loadstone, which has the property of attracting iron. A steel bar may be made into a magnet more powerful than any which occurs in nature. There are two centres of force in the magnet, one near each extremity, and these two points are called the *poles* of the magnet. If the magnet be suspended horizontally by a thread, it will point very nearly north and south. Like poles repel, while unlike poles attract each other. When a large magnet is broken in two, it immediately forms two small complete magnets, because in each particle throughout the body of a magnet there is a separation between the two magnetisms. If a magnet be heated beyond a certain limit, the loss of magnetism will not be recovered when it cools, and if heated to redness it loses all trace of magnetic properties of any kind.

In a Voltaic battery an electrical irritation is kept up at the junction [*Berührungspunkt*] of the zinc and copper plates, which causes a current of positive electricity to flow through the liquid from the zinc to the copper. When a junction of copper and bismuth is heated, an electric current is produced. It is called a thermo-electric current. Electro-magnet. — If an electric current be made to circulate round a soft iron cylinder, the cylinder will become a powerful magnet.

Questions.

1. Wodurch wird Elektricität erregt?
2. Warum werden die Nichtleiter auch "Isolatoren" genannt?
3. Wann findet Anziehung, und wann findet Abstossung zwischen elektrischen Körpern statt?
4. Wo sammelt sich die einem isolirten Leiter mitgetheilte Elektricität an?
5. Wo ist die Dichtigkeit der Elektricität am grössten?
6. Aus welchen Theilen besteht die Elektrisirmaschine?
7. Wie viele Arten Elektrischer Entladung giebt es, und wie heissen sie?
8. Unter welchen Umständen ensteht der elektrische Funke?
9. Welche Eigenschaft besitzen alle Magnete?
10. Was versteht man unter den Polen eines Magneten?

CHEMISTRY.

LESSON IX.—Chemistry.

Exercise 17.

Sich beschäftigen, *to busy one's self.*   Gelangen — an, *to arrive at, to reach.*
Willkürlich, *arbitrarily.*   Bestimmt, *definite.*

Die Chemie ist derjenige Theil der Naturwissenschaft, welcher sich mit der Zusammensetzung der Körper beschäftigt.

Bei der Zerlegung und Spaltung der Körper in einfachere gelangt man sehr bald an Körper, welche mit chemischen Mitteln nicht weiter zerlegt werden können. Diese heissen *Grundstoffe* oder *Elemente*. Es sind jetzt 67 solcher Elemente bekannt. Durch die Vereinigung der Elemente mit einander in Folge ihrer Verwandtschaft entstehen die zusammengesetzten Körper oder *Verbindungen*. Wenn sich Körper chemisch mit einander verbinden, so findet dieses immer nach bestimmten numerischen Verhältnissen statt. Die kleinsten Theilchen eines zusammengesetzten Körpers hat man *Molecüle* genannt.

Sie lassen sich nicht durch mechanische, wohl aber durch chemische Mittel spalten. Die kleinsten Mengen der in dem Molecül enthaltenen Elemente nennt man *Atome*. Die meisten Elemente können in freiem Zustande nicht als Atome existiren.

Die Molecüle der meisten Elemente bestehen aus zwei Atomen.

Bei einigen Elementen besteht das Molecül aus vier Atomen.

Bei anderen Elementen, wie z. B. beim Quecksilber, Zink und Cadmium ist Atom und Molecül identisch. Jedes Molecül und jedes Atom muss ein bestimmtes unabänderliches Gewicht besitzen. Die absoluten Gewichte der Atome lassen sich nicht bestimmen. Man kann die relativen Gewichte der Atome bestimmen, indem man dem Atom irgend eines Elementes ein bestimmtes Atomgewicht willkürlich ertheilt, mit welchem man die Atomgewichte anderer Elemente vergleichen kann. Diese relativen Gewichte heissen die *Atomgewichte*. Da der Wasserstoff von allen Elementen das niedrigste Atomgewicht besitzt, so hat man sein Atomgewicht als Einheit gewählt. Das Moleculargewicht eines Elementes oder einer Verbindung ist die Summe der Gewichte der sie bildenden Atome. Die Räume, welche die Molecüle in Gasform erfüllen, die *Molecularvolumen*, sind bei allen Verbindungen gleich gross, d. h., in gleichen Raumtheilen verschiedener Gase, einfacher wie zusammengesetzter, ist immer eine gleiche Anzahl von Molecülen enthalten.

Exercise 18.

Three fourths, *drei Viertel.*
Useful, *nützlich.*
Active, *thätig.*
Coal beds, *Steinkohlenlager.*
Make up, to, *bilden.*
More or less, *mehr oder weniger.*

More than three fourths of the elementary substances possess metallic properties, and among them are all the useful metals.

Several of the elementary substances occur in a free state in nature, for example, oxygen and nitrogen in the atmosphere, carbon in the coal beds, sulphur in the neighborhood of active volcanoes, iron in meteoric stones, while arsenic, copper, gold, silver, and some others are found in a more or less pure state in metallic veins. The elements are distributed in nature in very unequal proportions. At least one half of the solid crust of the globe, eight ninths of the water on its surface, and one fifth of the atmosphere which surrounds it, consist of the one element, oxygen. Of the sixty-seven known elements, the following thirteen alone make up at least $\frac{99}{100}$ of the whole known mass of the earth: oxygen (O), silicon (Si), aluminum (Al), calcium (Ca), magnesium (Mg), potassium (K), sodium (Na), iron (Fe), carbon (C), sulphur (S), hydrogen (H), chlorine (Cl), and nitrogen (N).

Questions.

1. Womit beschäftigt sich die Chemie?
2. Was ist ein "Chemisches Element"?
3. Auf welche Weise entstehen die zusammengesetzten Körper?
4. Was ist der Unterschied zwischen einem Molecül und einem Atom?
5. Aus wie vielen Atomen besteht ein Molecül?
6. Wie bestimmt man die absoluten Gewichte der Atome?
7. Wie bestimmt man die relativen Gewichte der Atome?
8. Warum hat man das Atomgewicht des Wasserstoffs als Einheit gewählt?
9. Was ist das Moleculargewicht eines Elementes oder einer Verbindung?
10. Was wissen Sie von den Räumen, welche die Molecüle in Gasform erfüllen?
11. Wie viele Elemente besitzen metallische Eigenschaften?
12. Welche Elemente bilden die Hauptmasse der Erde?

LESSON X.—Theoretical Chemistry.

Exercise 19.

Ausdrücken, *to express.*   **Bezeichnen,** *to denote.*

Um die Zusammensetzung der Körper kurz und übersichtlich auszudrücken, bedient man sich der *chemischen Formeln.* Man bezeichnet das Atom jedes Elementes mit den Anfangsbuchstaben seines lateinischen Namens.

Eine chemische Formel ist zugleich ein Ausdruck für die qualitative und die quantitative Zusammensetzung der Körper. Die Formel des Wassers H_2O drückt aus, dass darin ein Atom (16 Gewichtstheile) Sauerstoff mit zwei Atomen (2 Gewichtstheilen) Wasserstoff zu einem Molecül (18 Gewichtstheilen) Wasser verbunden ist. Wenn ein Körper durch die Einwirkung von anderen Körpern, von Wärme, Elektricität u. s. w. zersetzt wird, so nennt man dieses eine *chemische Reaction*. Bei derselben ändern die Atome ihre gegenseitige Lage, gruppiren sich in anderer Weise als vorher und bilden neue Molecüle. Mit Hülfe der chemischen Formeln lassen sich solche Reactionen übersichtlich durch Gleichungen ausdrücken.

Die Atome jedes Elementes zeigen bei ihrer Verbindung mit anderen Atomen eine bestimmte atombindende Kraft, welche man mit dem Namen der *Werthigkeit* oder *Valenz* der Atome bezeichnet. Als Maas für die Bestimmung der Werthigkeit dient der Wasserstoff. Der Wasserstoff ist ein *einwerthiges* Element, der Sauerstoff ist ein *zweiwerthiges* Element, Stickstoff ist *drei-* und Kohlenstoff *vierwerthig*. In den Molecülen der meisten Verbindungen sind die Valenzen der einzelnen Atome durch ihre Verbindung mit einander vollständig ausgeglichen. Man nennt solche Verbindungen *gesättigte*.

Säuren nennt man diejenigen Wasserstoff haltigen Verbindungen, welche die Eigenschaft besitzen, eine bestimmte Anzahl von Wasserstoffatomen gegen Metallatome auszutauschen.

Die in Wasser löslichen Säuren schmecken sauer und färben blaues Lackmuspapier roth (*saure Reaction*). Die Verbindungen welche durch die Ersetzung von Wasserstoffatomen in den Säuren durch Metalle oder Metallähnliche Atomgruppen entstehen, heissen *Salze*. *Basen* nennt man diejenigen Körper, welche sich mit den Säuren zu Salzen verbinden.

Die in Wasser löslichen Basen färben rothes Lackmuspapier blau (*alkalische Reaction*).

Exercise 20.

Complex, *zusammengesetzt*.   **Break up, to**, *sich spalten*.

Among chemical reactions we may distinguish at least three classes.

First, Analytical reactions, in which a complex molecule is broken up into simpler ones. For example, when marble (calcic carbonate) is heated, it breaks up into carbonic anhydride and quicklime (calcic oxide), as the following reaction shows:—

$$CaCO_3 = CO_2 + CaO.$$

Secondly, Synthetical reactions, in which two molecules unite to form a more complex group. Thus, sulphur in burning unites with the oxygen of the air and forms sulphurous anhydride:—

$$S_2 + 2\ O_2 = 2\ SO_2.$$

Thirdly, Metathetical reactions, in which the atoms of one molecule change places with the dissimilar atoms of another. Thus, when we add a solution of sodic chloride (common salt) to a solution of argentic nitrate (nitrate of silver), we obtain a white precipitate of argentic chloride, while sodic nitrate remains in solution.

$$NaCl + AgNO_3 = NaNO_3 + AgCl.$$

Questions.

1. Wozu dienen die chemischen Formeln?
2. Womit bezeichnet man das Atom eines Elementes?
3. Was drückt die Formel des Wassers H_2O aus?
4. Was ist eine chemische Reaction?
5. Was findet bei derselben statt?
6. Was versteht man unter der "Werthigkeit" eines Atoms?
7. Warum dient der Wasserstoff als Maas für die Bestimmung der Werthigkeit?
8. Wann ist eine Verbindung gesättigt?
9. Was ist eine Säure? ein Salz? eine Base?
10. Wann kann man sagen, dass eine Flüssigkeit sauer reagirt?

LESSON XI.—Water; Oxygen and Hydrogen.

Exercise 21.

Gemenge, m. *mixture.*
Heftig, *violent.*
Knall, m. *report.*
Geschmack, m. *taste.*
Geruch, m. *smell.*
Beruhen auf, *to be founded on.*

Das in der Natur vorkommende Wasser ist nie rein, sondern eine Auflösung von verschiedenen Stoffen in Wasser. Am reinsten ist das Regen- und Schneewasser.

Um reines Wasser zu erhalten, wird das natürlich vorkommende destillirt. Wasser entsteht durch Vereinigung von zwei Volumina Wasserstoffgas und einem Volumen Sauerstoffgas. Entzündet man ein Gemenge der beiden Gase, so findet momentan unter heftiger Explosion und starkem Knall die Vereinigung zu Wasser statt.

Das Brennen des Wasserstoffs in Luft oder Sauerstoff beruht auf einer Verbindung beider Körper zu Wasser.

Das reine Wasser ist vollständig farblos und durchsichtig, geschmack- und geruchlos. Es siedet bei 100° Celsius, verdampft aber langsam schon bei gewöhnlicher Temperatur, und erstarrt bei 0° zu Eis.

Durch den elektrischen Strom und bei sehr hoher Temperatur wird es in seine Bestandtheile zerlegt.

Es löst sehr viele Körper auf und die meisten um so leichter, je heisser es ist. Aus einer bei Siedhitze gesättigten Lösung scheidet sich deshalb in der Regel während des Erkaltens ein Theil der gelösten Substanz wieder ab, oft in Krystallen. Viele krystallisirte Körper enthalten ein oder mehrere Moleküle Wasser, was man *chemischgebundenes* oder *Krystallwasser* nennt.

Questions.

1. Ist das in der Natur vorkommende Wasser rein?
2. Welches Wasser ist am reinsten?
3. Wie verfährt man [lit. *does one proceed*], um reines Wasser zu erhalten?

4. Aus welchen Elementen besteht das Wasser?
5. Entzündet man ein Gemenge der beiden Gase, was findet statt?
6. Worauf beruht das Brennen des Wasserstoffs in der Luft?
7. Wie sieht das Wasser aus?
8. Wie verhält sich das Wasser gegen Temperaturwechsel?
9. Leitet man einen elektrischen Strom durch Wasser, was findet statt?
10. Was ist der Grund, warum eine bei Siedhitze aufgelöste Substanz beim Erkalten der Lösung sich abscheidet?

Exercise 22.

Schwach, *weak, faint.* Weltall, n. *the universe.*
Zugänglich, *accessible.* Brennbar, *combustible.*

Der Wasserstoff ist sehr verbreitet in der Natur, kommt aber fast nur in Verbindung mit anderen Elementen vor, hauptsächlich mit Sauerstoff in Wasser. In freiem Zustande kommt er nur in vulkanischen Gasen vor. Der Wasserstoff ist ein farbloses, geruchloses, schwer condensirbares Gas. Er ist der leichteste von allen Körpern. Er ist leicht entzündlich, und verbrennt an der Luft mit schwach leuchtender, aber sehr heisser Flamme.

Der Sauerstoff ist das verbreitetste aller Elemente und dasjenige, welches in dem uns zugänglichen Theil des Weltalls von allen in der grössten Menge enthalten ist. In freiem Zustande kommt er mit Stickstoff gemengt in der atmosphärischen Luft vor. Der Sauerstoff ist ein farbloses, geruchloses, und sehr schwer condensirbares Gas. Er ist für sich nicht brennbar, bewirkt aber die Verbrennung anderer Körper, die in reinem Sauerstoff unter viel intensiveren Licht- und Feuererscheinungen als in der Luft verbrennen.

Bei der Verbrennung eines Körpers an der Luft oder im Sauerstoff findet eine Vereinigung desselben oder seiner Bestandtheile mit Sauerstoff statt, aber derselbe chemische Prozess, den man mit dem Namen *Oxydation* bezeichnet, kann auch langsamer und ohne Licht- und Feuererscheinung stattfinden. Die Verbindungen des Sauerstoffs mit anderen Elementen nennt man *Oxyde*. Verbindet sich ein Element in mehreren Verhältnissen mit Sauerstoff, so unterscheidet man die einzelnen Oxyde durch die Namen: Superoxyde, Sesquioxyde, Monoxyde, Oxydule, Suboxyde, u. s. w.

Sind von einem Element nur zwei Verbindungen mit Sauerstoff bekannt, so nennt man das sauerstoffreichere *Oxyd*, das sauerstoffärmere *Oxydul*.

Questions.

1. In welchem Zustand kommt der Wasserstoff in der Natur vor?
2. Geben Sie die physikalischen Eigenschaften des Wasserstoffs und des Sauerstoffs an?
3. Sind sie brennbar?
4. Was findet bei der Verbrennung eines Körpers an der Luft statt?
5. Wie heisst dieser Prozess?
6. Was ist ein "Oxyd"?
7. Was ist der Unterschied zwischen dem "Oxyd" und dem "Oxydul" eines Elementes?

LESSON XII.—Non-Metals.

Exercise 23.

Stechend, *pungent.*
Nebel, m. *fumes.*
Verbreitet, *distributed, abundant.*
Gegenwart, f. *presence.*
Anzahl, f. *number.*
Riechen, *to smell.*
Staub, m. *dust.*
Stark, *strong.*
Fertig, *already.*
Abschluss, m. *exclusion.*

Die einwerthigen Elemente: Chlor [Cl], Brom [Br] und Jod [I] sind in ihrem chemischen Verhalten sehr ähnlich. Sie kommen nur in Verbindung mit Metallen vor. Bei gewöhnlicher Temperatur ist das Chlor ein Gas, das Brom eine Flüssigkeit, und das Jod ein fester Körper. Durch Vereinigung von einem Atom Chlor, Brom oder Jod mit einem Atom Wasserstoff entstehen starke einbasische Säuren. Die Chlorwasserstoff — oder Salzsäure ist ein farbloses, stechend riechendes, an der Luft starke Nebel bildendes Gas.

Der Schwefel [S] ist ein sehr verbreitetes Element. Er kommt in freiem Zustande (gediegen) und in Verbindung mit Metallen (Kiesen, Blenden u. s. w.) vor. Er wird theils als ein fein zertheilter gelber Staub (Schwefelblumen) theils in geschmolzenem Zustande (Stangenschwefel) erhalten. Beim Erhitzen an der Luft verbrennt der Schwefel mit blauer Flamme zu Schwefligsäure-Anhydrid. Die Verbindungen des Schwefels mit den Metallen heissen Sulfüre oder Sulfide. Schwefelwasserstoff [H_2S] und Schwefelsäure [H_2SO_4] sind die wichtigsten Verbindungen des Schwefels.

Der Stickstoff [N] ist ein farbloses und geruchloses, schwer condensirbares Gas.

Er ist nicht brennbar. Brennende Körper verlöschen in ihm augenblicklich. Ein Atom Stickstoff verbindet sich mit drei Atomen Wasserstoff um Ammoniak zu bilden. Das Ammoniak [NH_3] ist ein farbloses Gas von sehr charakteristischem stechendem Geruch. Es ist eine starke Base.

Die Salpetersäure [HNO_3] ist eine starke einbasische Säure. Salpetersaure Salze entstehen, wenn stickstoffhaltige organische Körper bei Gegenwart von Luft, Wasser und einer Base faulen oder verwesen.

Königswasser, eine Mischung von Salpetersäure und Salzsäure, ist das kräftigste Lösungsmittel.

Silicium [Si] und Kohlenstoff [C] sind beide vierwerthig. Das Silicium kommt nur in Verbindung mit Sauerstoff als Kieselsäure und kieselsaure Salze vor. Der Kohlenstoff kommt in freiem Zustande als Diamant und Graphit vor. In Verbindung mit Sauerstoff, als Kohlensäure-Anhydrid, kommt er in der Luft und in jedem natürlichen Wasser vor. Als kohlensaure Salze ist er sehr verbreitet. Als amorphe Kohle wird er durch Erhitzen organischer Körper unter Abschluss der Luft erhalten. Es ist eine sehr grosse Anzahl von Verbindungen des Kohlenstoffs mit Wasserstoff bekannt.

Viele Kohlenwasserstoffe, wie z. B. das Petroleum, finden sich fertig gebildet in der Natur.

Exercise 24.

Green-yellow, *grünlich gelb.* **Peculiar,** *eigenthümlich.*
Like rotten eggs, *nach faulen Eiern.* **Disagreeable,** *unangenehm.*

Chlorine is a green-yellow gas, possessing a very disagreeable and peculiar smell. It is used for bleaching and disinfecting.

Sulphuretted hydrogen (hydric sulphide) is a colorless gas, smelling like rotten eggs. It is best prepared by the action of dilute sulphuric acid upon ferrous sulphide. It is an important reagent in the laboratory.

Ammonia and its compounds are mainly obtained from the ammoniacal liquors of the gas-works.

Phosphorus does not occur free in nature, but is found in combination with oxygen and calcium in the bones of animals and in the seeds of plants.

Silicic dioxide (silica) occurs in the pure state in quartz or rock crystal, in flint, sand, and in a variety of minerals.

Carbonic dioxide is produced by the respiration of animals and in the process of fermentation.

Questions.

1. Wodurch unterscheiden sich Chlor, Brom und Jod von einander?
2. Was für Verbindungen bilden sie mit Wasserstoff?
3. Welches sind die Haupteigenschaften der Salzsäure?
4. Was ist Schwefel?
5. Wie kommt er in der Natur vor?
6. Wie kommt er in den Handel?
7. Was geschieht, wenn er an der Luft brennt?
8. Wie heissen die Verbindungen des Schwefels mit den Metallen?

CHEMISTRY. 29

9. Welches sind die wichtigsten Verbindungen des Schwefels ?
10. Was ist Stickstoff ?
11. Wie verhält sich der Stickstoff zum Wasserstoff ?
12. Woran kann man das Ammoniak erkennen ?
13. Auf welche Art entstehen salpetersaure Salze ?
14. Was ist Königswasser ?
15. Was ist Kieselsäure-Anhydrid ?
16. Was ist Kohlensäure-Anhydrid ?

LESSON XIII.—Light Metals.

Exercise 25.

Sich verwandeln, *to become converted.* Sich entzünden, *to take fire.*
Ertragen, *to bear, to endure.* Blendend, *dazzling.*
Ausgezeichnet, *superior.* Vermögen, *to be able.*

Die Alkalimetalle Kalium [K] und Natrium [Na] kommen nur in Form von Salzen vor. Diese Metalle sind silberweiss, stark glänzend und von Wachsconsistenz. Das Kalium zersetzt das Wasser mit solcher Heftigkeit, dass der freiwerdende Wasserstoff sich entzündet und mit violetter Flamme zu Kalihydrat [KOH] verbrennt.

Chlorkalium [KCl] kommt als Sylvin in grossen Ablagerungen vor. Es bildet farblose, durchsichtige Würfel von salzigem Geschmack. Kalihydrat oder Aetzkali [KOH] wird durch Zersetzung von kohlensaurem Kalium mit Kalkhydrat dargestellt.

Die wässrige Lösung, Kalilauge, wirkt höchst ätzend. Salpetersaures Kalium (Salpeter) ist in der oberen Erdschicht sehr verbreitet, und bildet sich hier durch Zersetzung stickstoffhaltiger organischer Körper. Kohlensaures Kalium [K_2CO_3] ist der wesentlichste Bestandtheil der Pflanzenaschen.

Calcium [Ca] kommt als kohlensaures, schwefelsaures, phosphorsaures und kieselsaures Salz und als Fluorcalcium vor.

Kohlensaures Calcium [$CaCO_3$] bildet den Kalkspath, den Marmor und den Kalkstein. Durch Glühen von Kalkstein wird Calciumoxyd [CaO] bereitet. Gebrannter Kalk verwandelt sich bei Berührung mit Wasser in Kalkhydrat (gelöschter Kalk) [CaO_2H_2].

Aluminium [Al] kommt vorzüglich in Verbindung mit Kieselsäure als Thon vor. Aluminiumoxyd [Al_2O_3] kommt natürlich in sehr harten Krystallen als Corund, Rubin und Sapphir vor. Kieselsaures Aluminium bildet den Kaolin und den Thon, die durch Zersetzung des Feldspaths und ähnlicher Mineralien entstanden sind.

Das Magnesium [Mg] ist ein silberweisses Metall von ausgezeichnetem Metallglanze, ductil und hämmerbar. Ein Magnesiumdraht brennt mit einem weissen Lichte, welches so blendend ist, dass es das Auge nicht zu ertragen vermag. Magnesiasalze kommen in allen drei Naturreichen vor.

Exercise 26.

Float, to, schwimmen.   **Soap,** Seife, f.

Sodium floats on water, and decomposes it with disengagement of hydrogen. Caustic soda (sodic hydrate) is largely used in soap-making. Common salt (sodic chloride) is obtained from sea-water by evaporation. It also occurs as rock-salt. Mortar consists of a mixture of slacked lime and sand. Gypsum is a calcic sulphate combined with two molecules of water of crystallization.

Alumina is largely used in dyeing and calico-printing as a mordant. The most useful compounds of alumina are the alums, a series of double salts which aluminic sulphate forms with the alkaline sulphates.

Glass is manufactured by melting sand with lime or its carbonate and soda-ash.

Magnesium occurs as carbonate, with calcic carbonate, in *dolomite*. It is also found in sea-water and certain mineral springs as chloride and sulphate.

Questions.

1. Kommen Kalium und Natrium gediegen vor?
2. Wie sehen sie aus?
3. Was geschieht wenn Kalium auf Wasser geworfen wird?
4. Wie wird Kochsalz gewonnen?
5. Wie wird Kalihydrat dargestellt?
6. Wozu wird Aetznatron benutzt?
7. Erklären Sie mir die Bildung des Salpeters.
8. Welches ist der wesentlichste Bestandtheil der Pflanzenaschen?
9. Wie wird gebrannter Kalk bereitet?
10. Geben Sie die chemische Zusammensetzung des Thons an; des gelöschten Kalks; der Alaune.
11. Wozu wird Thonerde benutzt?
12. Geben Sie die Eigenschaften des Magnesiums an.

LESSON XIV.—Heavy Metals.

Exercise 27.

Bequemlichkeit, f. *convenience.*   **Wechselnd,** *variable.*

Der Bequemlichkeit wegen theilen wir die schweren Metalle in zwei Gruppen ein: 1. *unedle Metalle;* 2. *edle Metalle.* Die wichtigsten Metalle der ersten Gruppe sind: Eisen, Mangan, Nickel, Kobalt, Chrom, Zink, Blei, Kupfer und Zinn. Einige sind leicht schmelzbar, andere sehr strengflüssig. Mit Sauerstoff vereinigen sie sich meist in mehreren Verhältnissen. Das Eisen [Fe] wird aus seinen Erzen durch den Hohofenprocess gewonnen. Das *Roh-* oder *Gusseisen* enthält ausser 3 bis 5 Procent Kohlenstoff wechselnde Mengen von Silicium, Schwefel, Phosphor, u. s. w. Das *Schmied-* oder *Stabeisen* ist beinahe reines Eisen und enthält nur eine geringe Menge von Kohlenstoff. Der *Stahl* enthält weniger Kohlenstoff als das Gusseisen und mehr als das Schmiedeeisen.

Das Mangan bildet mit Sauerstoff sechs verschiedene Oxydationsstufen, nämlich das Manganoxydul [MnO], Manganoxyd [Mn_2O_3], Manganoxyduloxyd [Mn_3O_4], Mangansuperoxyd [MnO_2], Mangansäureanhydrid [MnO_3], nicht isolirbar, und das Uebermangansäureanhydrid [Mn_2O_7].

Zink [Zn] kommt hauptsächlich in Verbindung mit Schwefel (Zinkblende) und als kohlensaures und kieselsaures Salz vor.

Das Kupfer kommt gediegen in Würfeln oder Octaëdern krystallisirt an manchen Orten vor.

Die wichtigsten Kupfererze sind der Kupferkies, der Kupferglanz und das Rothkupfererz. Das Kupfer wird aus den Oxyden durch Glühen mit Kohle in Schachtöfen gewonnen. Es ist ein gelbrothes, sehr dehnbares Metall, welches an der Luft schwach anläuft.

Das Blei wird fast nur aus Bleiglanz (Schwefelblei) gewonnen. Das Blei ist sehr weich und geschmeidig, aber wenig fest.

Das Zinn kommt niemals gediegen, sondern fast nur als Oxyd (Zinnstein), vor.

Exercise 28.

Gering, *slight.* **Ausgedehnt,** *extensive.*
Unentbehrlich, *indispensable.* **Blech,** n. *foil.*

Die edlen Metalle sind vor Allem durch ihr seltenes Vorkommen und ihre geringe Verwandtschaft zum Sauerstoff ausgezeichnet. Die meisten zeigen einen hohen Grad von Metallglanz und Politurfähigkeit, und sind sehr strengflüssig. Silber ist einwerthig, Quecksilber zweiwerthig, Gold dreiwerthig und Platin mit den übrigen Platinmetallen vierwerthig.

Das Quecksilber [Hg] stellt bei gewöhnlicher Temperatur eine sehr bewegliche Flüssigkeit dar. Von den Quecksilbererzen ist das gewöhnlichste der Zinnober (Schwefelquecksilber).

Das Silber [Ag] kommt gediegen und in Verbindung mit Schwefel vor. Eine grosse Menge von Silber wird bei der Verarbeitung des Bleiglanzes auf Blei gewonnen. Das salpetersaure Silber [$AgNO_3$] findet eine ausgedehnte Anwendung in der Photographie und in der Silberspiegelfabrikation.

Das Gold [Au] kommt meist gediegen in der Natur vor. Der Sand sehr vieler Flüsse ist goldhaltig. Das Gold wird weder von Salzsäure noch von Salpetersäure angegriffen. Von Königswasser wird es leicht zu Chlorid gelöst.

Das Platin ist ein für den Chemiker unentbehrliches Metall. Es wird für chemische Zwecke in der Form von Blechen, Drähten, Schmelztiegeln, Schalen u. s. w. gebraucht.

Die Verbindungen der Metalle unter sich nennt man im Allgemeinen *Legirungen*.

Sie werden durch Zusammenschmelzen der Metalle erhalten. Verbindungen der Metalle mit Quecksilber nennt man *Amalgame*. Unter den wichtigen Legirungen erwähnen wir Beispiels halber das Messing, das Neusilber, Gold- und Silbermünzen und das Loth.

Questions.

1. In welche zwei Gruppen werden die schweren Metalle eingetheilt?
2. Sind sie leicht schmelzbar?
3. Wie verhalten sich die unedlen Metalle zum Sauerstoff?
4. Wie wird das Eisen gewonnen?
5. Erklären Sie mir den Unterschied zwischen Gusseisen, Schmiedeisen und Stahl?
6. Geben Sie die verschiedenen Oxydationsstufen des Mangans an.
7. Welches sind die wichtigsten Kupfererze?
8. Wie gewinnt man das Kupfer?
9. Geben Sie die physikalischen Eigenschaften des Bleis an.
10. Wodurch sind die edlen Metalle ausgezeichnet?
11. Wie verhalten sich Gold und Platin zur Salzsäure? zu Königswasser?
12. Was ist eine Legirung?

MINERALOGY.

LESSON XV.—Morphology of Crystals.

Exercise 29.

Starr, *rigid.*   **Zeichnet sich aus,** *is characterized.*

Mineralogie ist die Wissenschaft von den Mineralien nach allen ihren Eigenschaften und Relationen, nach ihrer Bildung und Umbildung. Die Mineralien bilden wesentlich die äussere Kruste unseres Planeten. Die Mineralien sind entweder gesetzlich gestaltet, *krystallinisch,* oder gestaltlos, *amorph.* Ein Krystall ist jeder starre anorganische Körper, welcher eine wesentliche und ursprüngliche, mehr oder weniger regelmässige polyēdrische Form besitzt. Die Krystallformen lassen sich nach gewissen Gestaltungs-Gesetzen in sechs verschiedene Abtheilungen oder *Krystallsysteme* bringen. Diese Systeme sind folgende: 1) das tesserale System; 2) das tetragonale System; 3) das hexagonale System; 4) das rhombische System; 5) das monoklinische System; 6) das triklinische System.

Das tesserale, reguläre oder isometrische System zeichnet sich dadurch aus, dass alle seine Formen auf drei, unter einander rechtwinkelige, völlig gleiche und gleichwerthige Axen bezogen werden können. Man kennt mehrere verschiedene Arten von tesseralen Formen, die sich alle aus irgend einer derselben, welche man die *Grundform* nennt, ableiten lassen. Als Grundform des

MINERALOGY.   35

Tesseralsystems empfiehlt sich vorzugsweise das Oktaëder. Das Oktaëder ist eine von acht gleichseitigen Dreiecken umschlossene Form, mit zwölf gleichen Kanten, die 109° 28' messen, und mit sechs vierflächigen Ecken; die Hauptaxen verbinden je zwei gegenüberliegende Eckpunkte.

Das monoklinische Krystallsystem ist dadurch charakterisirt, dass alle seine Formen auf drei ungleiche Axen bezogen werden müssen, von denen sich zwei unter einem schiefen Winkel schneiden, während die dritte Axe auf ihnen beiden rechtwinkelig ist.

Die Formen aller Krystallsysteme kommen nicht nur einzeln vor, sondern oft zu einer *Combination* verbunden. Dieses geschieht in der Weise, dass die Flächen der einen Form symmetrisch zwischen den Flächen, und folglich an der Stelle gewisser Kanten und Ecken der anderen Formen auftreten; weshalb diese Kanten und Ecken durch jene Flächen gleichsam wie weggeschnitten (abgestumpft, zugeschärft oder zugespitzt) erscheinen.

Exercise 30.

Assume, to, *annehmen.*   **Distinct,** *verschieden.*

The regular forms which minerals assume are called crystals. These have been arranged in six systems. 1) *Isometric System:* three axes, all equal and at right angles. 2) *Tetragonal System:* three axes, all at right angles, one shorter or longer than the other two. 3) *Hexagonal System:* four axes, three equal and in one plane, making angles of 60°, and one longer or shorter, at right angles to the plane of the other three. 4) *Rhombic System:* three axes, all unequal and all at right angles. 5) *Monoclinic System:* three axes, all unequal, two cut one another obliquely, and one is at right angles to the plane of the other two. 6) *Triclinic System:* three axes, all unequal and all oblique.

Simple crystals are sometimes compounded, so as to form *twin* or *compound* crystals. Many substances crystallize according to two distinct systems, and are then said to be *dimorphous.*

Questions.

1. Was ist Mineralogie?
2. Was ist der Unterschied zwischen krystallinischen and amorphen Mineralien?
3. Was ist ein Krystall?
4. Was versteht man unter "Zwillinge"?
5. Wann ist ein Körper dimorph?

LESSON XVI.—Morphology of Aggregates.

Exercise 31.

Vorwaltend, *predominating.*   **Sich stützen,** *to be supported.*

Die Aggregate der krystallinischen Mineralien lassen sich in zwei Abtheilungen bringen, je nachdem die Individuen selbst wenigstens theilweise frei auskrystallisirt sind, oder nicht. Die ersteren kann man *krystallisirte*, die anderen *krystallinische* Aggregate nennen. Der *körnige*, der *lamellare*, und der *stengelartige* Typus sind die drei vorwaltenden Formen des krystallinischen Aggregates. Sehr dünne Stengel werden Fasern, und sehr kleine und dünne Lamellen werden Schuppen genannt. Unter einer *Krystallgruppe* versteht man ein Aggregat vieler, um und über einander ausgebildeter Krystalle, welche eine gewisse Regel der Anordnung zeigen und sich gegenseitig unterstützen. Unter einer *Krystalldruse* versteht man ein Aggregat vieler neben einander gebildeter Krystalle, welche sich auf eine gemeinschaftliche Unterlage stützen. Sehr häufig sind grössere Krystalle eines anderen Minerales mit einer Drusendecke oder Drusenkruste überzogen.

Amorphe Mineralien, welche im freien Raume gebildet wurden, erscheinen bei einfacher Ablagerung als kugelförmige, knollige, tropfenförmige, cylindrische, zapfenförmige, krustenartige Gestalten; bei wiederholter Ablagerung als undulirte Ueberzüge

MINERALOGY. 37

und Decken, als traubenartige, nierenförmige und stalaktitische Gestalten von sehr verschiedener Grösse und Figur. Die im beschränkten Raum gebildeten Vorkommnisse lassen besonders derbe und eingesprengte, knollige und auch sphäroidische, oder auch plattenförmige und trümmerartige Gestalten erkennen.

Zu den merkwürdigsten Erscheinungen des Mineralreiches gehören die *Pseudomorphosen*, auch *Afterkrystalle* genannt.

Organische Körper, Thiere und Pflanzen wurden von Mineralsubstanz durchdrungen, in Steinmasse umgewandelt oder *versteinert*, und es erscheinen verschiedene Mineralien in den Gestalten dieser organischen Körper.

Exercise 32.

Foreign, *fremdartig.*
Transformation, *Umwandlung,* f.
At the same time, *gleichzeitig.*
Imitate, to, *nachahmen.*

Undergo, to, *erleiden.*
Cavity, *Raum,* m.
Remove, to, *entfernen.*
Decomposition, *Zerstörung,* f.

A pseudomorphous crystal is one that has a form which is foreign to the species to which the substance belongs. Crystals sometimes undergo a change of composition without losing their form : pseudomorphs by alteration (*metasomatische Pseudomorphosen*).

Crystals are sometimes removed entirely, and at the same time another mineral is substituted : pseudomorphs by replacement (*Verdrängungs-Pseudomorphosen*). An example of this kind is in the transformation of cubes of fluor spar to quartz (*Quarz nach Flussspath*).

Sometimes cavities formed by the decomposition of crystals are refilled by another species by infiltration, and the new mineral takes on the external form of the original mineral : pseudomorphs by infiltration (*Ausfüllungs-Pseudomorphosen*).

Crystals are sometimes incrusted over by other minerals, as cubes of fluor by quartz ; and when the fluor is afterwards dissolved away, hollow cubes of quartz are left : pseudomorphs by incrustation (*Umhüllungs-Pseudomorphosen*).

Pseudomorphous crystals are distinguished by having a different structure and cleavage from that of the mineral imitated in form, and a different hardness; and usually little lustre.

Questions.

1. Was versteht man unter krystallirten Aggregaten?
2. Was versteht man unter krystallinischen Aggregaten?
3. Welches sind die vorwaltenden Formen der krystallinischen Aggregate?
4. Welcher Unterschied ist zwischen Krystallgruppe und Krystalldruse?
5. Was versteht man unter Pseudomorphosen?
6. Was versteht man unter Versteinerungen?

LESSON XVII.—Physical Properties.

Exercise 33.

Kurzweg, *for short.* **Aufheben,** *to destroy.*

Ein jeder Krystall besitzt eine mehr oder weniger deutliche *Spaltbarkeit*. Wird ein Mineral nach Richtungen zerbrochen oder zerschlagen, in welchen keine Spaltbarkeit vorhanden ist, so entstehen Bruchflächen, die man kurzweg den *Bruch* nennt. Nach der Form der Bruchflächen erscheint der Bruch: muschelig, eben, uneben oder hakig.

Unter der *Härte* eines festen Körpers versteht man den Widerstand, welchen er der Trennung seiner kleinsten Theile entgegensetzt.

Nach den Verschiedenheiten der *Tenacität* ist ein Mineral spröde, mild, geschmeidig, biegsam, elastisch oder dehnbar.

Alle Mineralien werden durch Reibung *elektrisch*. Durch Erwärmung oder überhaupt durch Temperatur-Aenderung wird

MINERALOGY. 39

die Elektricität in den Krystallen vieler Mineralien erregt, von welchen man daher sagt, dass sie thermo-elektrisch oder pyroelektrisch sind.

Pellucidität heisst das verschiedene Verhalten der Mineralien gegen die auf sie fallenden Lichtstrahlen. Es sind fünf verschiedene Grade der Pellucidität : durchsichtig, halbdurchsichtig, durchscheinend, halbdurchscheinend, undurchsichtig.

Doppelte Strahlenbrechung: der in die meisten Krystalle einfallende Lichtstrahl theilt sich in zwei Strahlen, von welchen der eine den Gesetzen der gewöhnlichen Brechung, der andere aber ganz eigenthümlichen Gesetzen unterworfen ist. In jedem Krystalle giebt es jedoch entweder eine Richtung, oder zwei Richtungen, nach welchen ein hindurchgehender Lichtstrahl keine Doppelbrechung erfährt. Diese Richtungen nennt man die *Axen der doppelten Strahlenbrechung.*

Unter der *Polarisation* des Lichtes versteht man eine eigenthümliche Modification desselben, vermöge welcher seine fernere Reflexions- oder Transmissionsfähigkeit nach gewissen Seiten hin theilweise oder gänzlich aufgehoben wird.

Exercise 34.

Depend on, to, *abhängen.* According, *nach.*
Both — and, *so wohl — als auch.* In distinguishing, *in der Bestimmung.*

The *lustre* of minerals depends on the nature of their surfaces, which causes more or less light to be reflected. The *kinds* (*Arten*) of lustre are six : metallic, vitreous, resinous, pearly, silky, and adamantine (*Diamantglanz*). According to the degrees of *intensity* (*Stärke*) the lustre is either splendent, shining, glistening, or glimmering. When there is a total absence of lustre, a mineral is said to be *dull.*

In distinguishing minerals both the external color, and the color of a surface that has been rubbed or scratched, are observed. The latter is called the *streak,* and the powder abraded the *streak-powder* (*der Strich*). The shifting and changing of colors in minerals are indicated by such expressions as: a play of colors (*Farbenspiel*), change of colors (*Farbenwandlung*), opalescence, iridescence, and pleochroism. Pleochroism is the property, belonging to some primate crystals, of presenting a different color in different directions.

Several minerals give out light either by friction or when gently heated. This property of emitting light is called *phosphorescence*.

Questions.

1. Was versteht man unter der Härte eines Minerals?
2. Was für Arten von Tenacität giebt es?
3. Auf welche Weise werden Mineralien elektrisch?
4. Was versteht man unter Pellucidität?
5. Was für Arten von Glanz giebt es?
6. Was versteht man unter Farbenspiel?

LESSON XVIII.—Classification.

Exercise 35.

Fordern, *to require.*
Ist der Inbegriff, *comprehends.*
Bedeutung, *importance,* f.
Ableitbar. *derivable.*
Behaupten, *to assert.*
Berücksichtigung, *regard,* f.

Eine mineralogische Species ist der Inbegriff aller derjenigen Mineralkörper, welche nach ihren morphologischen und chemischen Eigenschaften absolut und relativ identisch sind. Zwei krystallisirte Individuen, deren Gestalten zwar verschieden, aber aus derselben Grundform ableitbar sind, sind in morphologischer Hinsicht relativ identisch. Zwei Mineralien, von denen das eine krystallinisch, das andere amorph ist, können nimmer zu einer Species gehören. Farbe, Glanz und Pellucidität sind wichtige Eigenschaften bei der Bestimmung der Species. Das specifische Gewicht ist eine Eigenschaft von der grössten Bedeutung. Die Härte ist gleichfalls ein wichtiges Merkmal. Wir fordern im Allgemeinen für zwei Mineralkörper derselben Species eine absolute oder relative Identität der chemischen Constitution. Die *Species* bilden die Einheiten, welche einer jeden Classification zu Grunde liegen. Bei der *Fixirung der Species* behaupten die morphologischen Eigenschaften den ersten Rang. Bei der *Classification der Mineralspecies* muss die Aehnlichkeit der Masse, ohne Berücksichtigung der Form, vorzugsweise in das Auge gefasst werden. Bei der Gruppirung der Mineralspecies ist auf den Unterschied des metallischen und nicht-metallischen Habitus ein grosses Gewicht zu legen. Die chemischen Eigenschaften, und namentlich die chemische Constitution, müssen als das wesentliche Moment einer jeden Classification betrachtet werden.

Unter *Varietäten* oder *Abarten* einer Species versteht man die durch bestimmte Verschiedenheiten ihrer Eigenschaften von einander abweichenden Vorkommnisse derselben. Es kann also Varietäten in Betreff der Form, der Farbe, der chemischen Zusammensetzung, u. s. w. geben.

Questions.

1. Was versteht man unter einer Mineralspecies?
2. Welches sind die wesentlichen Eigenschaften bei der Bestimmung der Species?
3. Was muss bei der Classification der Mineralspecies in das Auge gefasst werden?
4. Was versteht man unter Varietäten einer Species?

Exercise 36.

Aufzählung, *enumeration*, f.   Sachgemäss, *fitting*.
Sonderung, *separation*, f.   Gebühren, *to be due*.

Der vollständigen Uebersicht wegen werden die Species in einer bestimmten Ordnung aufgeführt, indem man jene, welche sich in manchen Beziehungen am nächsten stehen, in einzelne

Gruppen vereinigt. Eine derartige Aufzählung der Mineralien in einer gewissen systematischen Folge heisst ein Mineral-System. Bei der grossen Bedeutung der chemischen Eigenschaften scheint es sachgemäss, die chemische Zusammensetzung vorzugsweise bei Aufstellung eines Systems zu berücksichtigen. Zuvörderst würden die Elemente selbst nach ihrer allgemeinen Aehnlichkeit oder Unähnlichkeit in Gruppen zu bringen sein; diess ist jedoch schon durch die Eintheilung derselben in nicht-metallische und metallische Elemente, und durch die Sonderung der letzteren in leichte und schwere Metalle auf eine genügende Weise geschehen.

Die *schweren Metalle* sind die eigentlichen Repräsentanten des Mineralreiches, und ihnen gebührt das Centrum der ganzen Gruppirung.

Da Sauerstoff und Schwefel diejenigen zwei Elemente sind, welche die meisten Verbindungen mit den Metallen eingehen, so werden sich an die Metalle auf der einen Seite sämmtliche *Sauerstoffverbindungen*, auf der anderen Seite sämmtliche *Schwefelverbindungen* anschliessen. Die *metallischen* (schwer-metallischen) und die *nicht-metallischen* (leicht-metallischen) Salze müssen in besondere Gruppen vereinigt werden.

Die *Silicate* und die ihnen so nahe stehenden *Aluminate* unterscheiden sich im Allgemeinen so auffallend von den übrigen salzartigen Verbindungen des Mineralreiches, dass sie in besondere Gruppen zusammengefasst werden müssen.

Der Unterschied des *wasserhaltigen* und *wasserfreien* Zustandes erscheint wichtig genug, um ihn in allen Gruppen zur Begründung besonderer Unterabtheilungen zu benutzen.

Die *amorphen* Mineralien werden so weit als möglich in besondere Gruppen vereinigt.

Questions.

1. Was versteht man unter einem Mineral-System?
2. In welche zwei Gruppen theilt man die Elemente ein?
3. Warum werden die Silicate and Aluminate in besondere Gruppen zusammengefasst?

BOTANY.

LESSON XIX.—Anatomy.

Exercise 37.

Vielseitig, *varied*.	**Ablagern**, *to deposit*.
Verschmelzung, *confluence, fusion*.	**Gemeinsam**, *in common*.

Die Aufgabe der Botanik oder der Naturgeschichte des Pflanzenreiches ist, uns ein möglichst vielseitiges Bild von den Pflanzen zu geben. Alle Pflanzen bestehen nur aus Zellen und deren Bildungs- und Umwandlungsproducten, und die Zellen heissen deshalb die Elementarorgane der Pflanzen. Der einzige wesentliche Bestandtheil der Zellen ist das *Protoplasma* oder *Plasma*. Das Protoplasma ist ein Gemenge verschiedener organischer Substanzen, unter denen eiweissartige nie fehlen, und in der Regel die Hauptmasse bilden. Die Zellhaut erscheint Anfangs als ein dünnes, scheinbar structurloses Häutchen (primäre Haut); im Laufe der Vegetation scheinen sich auf ihrer Innenseite mehrere Schichten, Verdickungsschichten, abzulagern. Die Zellhaut besteht aus einem eigenthümlichen Stoffe, dem Zellstoffe oder Cellulose [$C_6H_{10}O_5$]. Ausser dem Protoplasma, dem Zellkern, dem wässerigen Zellsafte, sowie den in ihnen gelösten Substanzen und absorbirten Gasen, finden sich in den Zellen oft noch besondere Inhaltskörper vor. Der wichtigste dieser Stoffe ist das *Blattgrün* oder das *Chlorophyll*, der Körper, welcher den Pflanzen die grüne Farbe ertheilt.

Unter der Bezeichnung *Zellbildung* umfassen wir die Lehre von der Entstehung und Fortpflanzung der Zellen. Man unterscheidet eine *freie Zellbildung* und eine solche durch *Theilung*. Bei der ersteren sondern sich die Protoplasma-Massen der Mutterzellen um die vorher gebildeten Kerne herum ab, und gestalten sich so zu neuen Zellen. Bei der Zellbildung durch Theilung trennt sich das Protoplasma der Mutterzellen in mehrere Portionen, welche dieselben meistens so vollständig ausfüllen, dass nur Raum für die neu zu schaffenden Zellwände übrig bleibt.

Die *Gefässe* entstehen durch Verschmelzung von mehreren Zellen. *Gewebe* nennt man eine Vereinigung vieler Zellen, die gemeinsam wachsen und gemeinsam functioniren, und die mit ihren Nachbarn gemeinschaftliche Zellwände haben.

Exercise 38.

Common, } *gewöhnlich.*
Ordinary, }
Thick-walled, *dickwandig.*
Common type, *allgemeiner Typus.*
Cover, to, *bedecken.*

Varies from, *schwankt zwischen.*
Build up, to, *aufbauen.*
Differ from — in, to, *sich unterscheiden von — durch.*
Exposed, *ausgesetzt.*

The plant is an aggregation of little vesicles or *cells*. The size of the common cells of plants varies from about the thirtieth to the thousandth part of an inch in diameter. The walls of cells are perfectly closed and whole. Vegetable growth consists of two things: 1st. the expansion of each cell until it gets its full size; 2d. the multiplication of the cells by their division into new cells cohering together. The cells, as they multiply, build up the tissues or fabric of the plant.

The spaces between the cells are called *intercellular spaces*, when small and irregular; when large and regular, they are named *intercellular passages* or *air-passages*.

Woody tissue and *woody fibre*, and *vascular tissue*, *vessels*, or *ducts* are all modifications of one common type, the cell. Some kinds differ from ordinary cells in shape alone, others result from their combination or confluence.

The *Epidermis*, or skin of the plant, consists of one or more layers of empty thick-walled cells, and covers all parts of the plant which are directly exposed to the air, except the stigma.

Questions.

1. Was ist Botanik?
2. Was ist eine Zelle?
3. Was ist Protoplasma?
4. Wie erscheint die Zellhaut Anfangs?
5. Woraus besteht die Zellhaut?
6. Was ist Chlorophyll?
7. Wie entstehen die Zellen?
8. Wie entstehen die Gefässe?
9. Was versteht man unter Gewebe?
10. Was ist eine Pflanze?

LESSON XX.—Morphology.

Exercise 39.

Befestigen, *to fix*.	Aufsaugen, *to absorb*.
Gegensatz, *contrast*, m.	Umschliessen, *to enclose*.

Die *Wurzel* ist das Organ, welches im Allgemeinen abwärts wachsend die Pflanze im Boden befestigt und Nahrung aus demselben aufsaugt; sie entwickelt niemals Blätter, und trägt an ihrer Spitze eine Wurzelhaube.

Stengel und *Stamm* sind Ausdrücke, um Organe zu bezeichnen, welche alle dazu bestimmt sind, Blätter, Blüthen und Früchte zu tragen.

Verästelungen der Wurzel und des Stammes, sowie Blätter und Blüthen entstehen nur aus den sogenannten *Knospen* oder *Augen* der Pflanzen.

Die *Blätter* sind die Seitenorgane des Stengels. Wir unterscheiden vier Arten derselben: die Keimblätter, die Deckblätter, die Laubblätter und die Blüthenblätter. An einem möglichst vollständig entwickelten Blatte kann man die Blattscheide, den Blattstiel, und die Blattfläche oder Blattspreite unterscheiden.

Die *Blüthe* ist das Organ, welches bestimmt ist, die Samen, die Fortpflanzungsorgane der Pflanzen, zu bilden. Die unwesentlichen Theile der Blüthen, welche stets die äusseren sind, bezeichnet man als *Blüthendecken* und nennt sie *Kelch* und *Blumenkrone*, wenn sie aus zwei verschieden gefärbten, einem äussern grünen und einem innern anders gefärbten Blatte (oder Blattkreise) bestehen; ist dagegen ein solcher Gegensatz nicht da, so heisst diese Blüthendecke kurzweg *Blüthenhülle*. Die wesentlichen Theile zerfallen in *Staubblätter* und *Stempel*. Die Staubblätter bestehen aus einem fadenartigen Stiele, dem *Staubfaden*, welcher an seinem obern Ende die *Staubkölbchen* oder *Staubbeutel* trägt. Ein vollständig ausgebildeter Stempel besteht aus drei Theilen: dem untern *Fruchtknoten*, dem mittlern *Staubweg* oder *Griffel*, und der obern *Narbe*.

Die *Frucht* bildet sich, nach vorheriger Befruchtung durch den an den Staubblättern gebildeten Blüthenstaub, aus dem Fruchtknoten und umschliesst zur Zeit ihrer Reife die aus den Samenknospen entstandenen *Samen*.

Der Same besteht aus einer *Samenschale* und einem *Kern*. Der Kern besteht aus einem *Keim* oder *Keimling*, neben dem sich bei gewissen Pflanzen noch ein sogenanntes Eiweiss vorfindet. Der Keim besteht in der Regel aus einer Achse und aus einem oder mehreren Blättern, welche den Namen *Keimblätter* oder *Samenlappen* führen.

Exercise 40.

Concealed, *verborgen.*   **Modification,** *Abänderung,* f.
Arrangement, *Stellung,* f.   **Is wanting,** *fehlt.*

All phænogamous plants possess stems. In those which are said to be *acaulescent*, or *stemless*, it is either very short, or concealed beneath the ground. Branches spring from *lateral* or *axillary* buds. Suckers, runners, tendrils, and spines are modifications of the stem or branches. According to their arrangement on the stem, leaves are either *alternate, opposite,* or *verticillate.* They are verticillate, or whorled, when there are three or more leaves in a circle upon each node. The complete leaf consists of the *blade,* with its *petiole* or leaf-stalk, and at its base a pair of stipules. The petiole is often wanting; then the leaf is *sessile.* Compound leaves occur under two general forms, the *pinnate* and the *palmate* (or *digitate*). The leaves of the corolla are called *petals,* and the leaves of the calyx *sepals.* All the organs of the flower are situated on, or grow out of, the apex of the flower-stalk, which is called the *torus,* or *receptacle.*

Questions.

1. Was ist die Wurzel?
2. Wozu ist der Stengel bestimmt?
3. Was versteht man unter Blättern?
4. Was ist die Blüthe?
5. Welches sind die unwesentlichen Theile der Blüthe?
6. Welches sind die wesentlichen Theile der Blüthe?
7. Wie wird die Frucht gebildet?
8. Welche Theile unterscheidet man an dem Samen?
9. Aus welchen Theilen besteht der Kern?
10. Was sind Samenlappen?

LESSON XXI.—Physiology.

Exercise 41.

Verbrauch, *consumption,* m.   **Ausgiebig,** *productive.*

Das Leben der Pflanze ist verbunden mit einem beständigen Verbrauche plastischer Stoffe, welche ihr als Baumaterial zur

Vergrösserung bereits vorhandener und zur Bildung neuer Zellen dienen können. Die wichtigsten Nährstoffe der Pflanzen sind Kohlenstoff, Sauerstoff, Stickstoff, Wasserstoff und Schwefel, weil aus ihnen das Protoplasma besteht, und sie mithin zur Bildung einer jeden Zelle nöthig sind.

Als Organ, durch welches die Nährstoffe in die Pflanzen aufgenommen werden, dient bei den niederen Pflanzen die ganze Oberfläche; bei den höheren ist diese Aufgabe vorzugsweise den besonders dazu befähigten Wurzeln übertragen. Ausser den Wurzeln besitzen die höheren Pflanzen noch in den Blättern Organe, welche zur Aufnahme von gasförmigen Nährstoffen geeignet sind.

Da die Nährstoffe durch die geschlossenen Wandungen der Zellen hindurchtreten müssen, um in diese hinein zu gelangen, so folgt dass sie in gelöster, flüssiger Form vorhanden oder gasförmig sein müssen. Sie gelangen auf dem Wege einfacher Diffusion in die zur Aufnahme geeigneten Zellen. Der *Kohlenstoff* wird den Pflanzen hauptsächlich dadurch zugeführt, dass die blattgrünhaltigen Organe Kohlensäure aufnehmen, dieselbe unter dem Einflusse des Lichtes in ihre Elemente zerlegen, den Kohlenstoff für sich behalten und den Sauerstoff wieder abscheiden. Der *Wasserstoff* gelangt in alle stickstofffreien Verbindungen wohl nur durch Zersetzung von Wasser; in die stickstoffhaltigen, ausser auf diesem Wege, vielleicht auch noch durch Aufnahme von Ammoniak. Eingeführt wird der *Sauerstoff* in die Pflanze in Form von Wasser, Kohlensäure und Sauerstoffsalzen. Neben dem sehr ausgiebigen Desoxydationsprocesse in den chlorophyllhaltigen Zellen besteht in allen übrigen Pflanzentheilen ein dem thierischen Athmungsprocesse vergleichbarer Oxydationsvorgang, durch den ein Theil der assimilirten Substanz wieder zersetzt wird. Der *Stickstoff* muss der Pflanze als salpetersaures, oder als Ammoniaksalz zugeführt werden. Die einzig denkbare Quelle des *Schwefels* ist die Schwefelsäure in den schwefelsauren Salzen des Bodens. Die übrigen Nährstoffe können nur auf dem Wege der Diffusion und im Allgemeinen in Form gelöster Salze in die Pflanze gelangen.

BOTANY.   49

Questions.

1. Welches sind die wichtigsten Nährstoffe der Pflanzen?
2. Welche Organe sind bei der Aufnahme der Nahrungsmittel thätig?
3. In welcher Form gelangen diese Stoffe in die Pflanze?
4. Wie wird der Kohlenstoff den Pflanzen zugeführt?

Exercise 42.

Die durch die Wurzel aufgenommenen Stoffe gelangen zu den Blättern durch einen aufsteigenden Saftstrom, dessen Hauptbestandtheil Wasser ist, in welchem die aufgenommenen Stoffe gelöst sind. Es lassen sich vier Ursachen angeben, welche den Wasserstrom in Bewegung setzen. 1) Die sogenannte *Wurzelkraft*, d. h. die Kraft der lebenden Wurzel, vermöge welcher sie das umgebende Wasser, oder die Bodenfeuchtigkeit durch die endosmotische Wirkung der in den äussersten Zellen befindlichen, gelösten Stoffe in diese Zellen aufnimmt. 2) Die durch offene Tüpfel mit einander in Verbindung stehenden Zellräume des Holzes sind so fein, dass sie als kräftig wirkende Haarröhrchen thätig sind. 3) Unter *Aufsaugung* oder *Imbibition* der Zellwände versteht man das Vermögen derselben, zwischen ihre molecularen Zwischenräume Flüssigkeiten aufzusaugen. 4) Endlich sind *Temperaturschwankungen* als Ursache der Saftbewegung in den Pflanzen anzusehen.

Die einzelnen Momente der Assimilation beziehen sich hauptsächlich auf die Entwässerung des Nahrungsstoffes durch die Transpiration, auf die Zersetzung der Kohlensäure und Fixirung des Kohlenstoffes, auf die Bildung des Blattgrüns, und auf die Entstehung der Eiweissstoffe, der Stärke, des Zuckers u. s. w.

Als *Transpirationsorgane* darf man kurzweg die Blätter bezeichnen, welche durch ihre Spaltöffnungen dem Wasserdampfe Austritt gestatten. Bei chlorophyllhaltigen Pflanzen ist das Blattgrün das wesentliche Organ der *Zersetzung der Kohlensäure*. Pflanzen, denen Blattgrün fehlt, leben entweder als Schmarotzer auf anderen, oder sie nähren sich von den in Zersetzung begriffenen Theilen anderer Organismen. Für die *Bildung des Blattgrüns* sind Licht und Wärme nöthig. Unter dem Einflusse des Lichtes entwickelt sich in den Blattgrünkörnern *Stärke*, welche in der Dunkelheit wieder verschwindet. Wie sich der *Zellstoff* bildet, ist noch nicht bekannt, jedoch scheint der Zutritt des atmosphärischen Sauerstoffs zu seiner Bildung nöthig zu sein; Stärke, Zucker, Inulin und Fette sind die Baustoffe, aus denen das Protoplasma sich die Zellhaut gestaltet.

Die Lebensvorgänge sind ohne beständige Wanderung der dem Leben dienenden Stoffe, d. h. des assimilirten Nährstoffes, nicht denkbar.

Questions.

1. Wodurch gelangen die durch die Wurzel aufgenommenen Stoffe zu den Blättern?
2. Warum werden die Blätter als Transpirationsorgane bezeichnet?
3. Aus welchen Stoffen wird die Zellhaut gebildet?

PART II.

SCIENTIFIC ESSAYS.

SCIENTIFIC ESSAYS.

Das Studium der Naturwissenschaften.

Von Justus von Liebig.

[JUSTUS VON LIEBIG wurde in Darmstadt den 13. Mai 1803 geboren. Im Jahre 1824 wurde er Professor der Chemie an der Universität zu Giessen; 1852 erhielt er einen Ruf nach München, wo er blieb bis zu seinem Tode im Jahre 1873.]

DIE Fragen nach den Ursachen der Naturerscheinungen, nach den Quellen des Lebens der Pflanzen und Thiere, nach dem Ursprung ihrer Nahrung, den Bedingungen ihrer Gesundheit und den Veränderungen in der Natur, der wir durch unseren körperlichen Leib angehören, diese Fragen sind dem menschlichen Geiste so angemessen, dass die Wissenschaften, welche befriedigende Antwort darauf geben, mehr wie alle andern Einfluss auf die Cultur des Geistes ausüben.

Die Grundlage eines jeden Zweiges der Naturwissenschaft ist die einfache Naturbeobachtung; nur ganz allmälig haben sich die Erfahrungen zur Wissenschaft gestaltet.

Der Ortswechsel der Gestirne, der Wechsel von Tag und Nacht, der Jahreszeiten haben zur *Astronomie* geführt.

Mit der Astronomie entstand die Physik, bei einem gewissen Grad ihrer Ausbildung zeugte sie die wissenschaftliche Chemie, aus der organischen Chemie werden sich die Gesetze des Lebens, es wird sich die Physiologie entwickeln.

Die Quelle aller Wissenschaft ist die Erfahrung; man hat die Dauer des Jahres bestimmt, den Wechsel der Jahreszeiten erklärt, Mondfinsternisse berechnet, ohne die Gesetze der Schwere zu kennen; man hat Mühlen gebaut und Pumpen gehabt und den Druck der Luft nicht gekannt; man hat Glas und Porzellan gemacht, man hat gefärbt und Metalle geschieden, Alles durch blosse Experimentirkunst, ohne also durch richtige wissenschaftliche Grundsätze geleitet zu sein. So ist die Geometrie in ihrer Grundlage eine Erfahrungswissenschaft, die meisten Lehrsätze derselben waren durch Erfahrung gefunden, ehe ihre Wahrheit durch Vernunftschlüsse bewiesen wurde. Dass das Quadrat der Hypothenuse gleich sei dem Quadrate der beiden Katheten, war eine Erfahrung, eine Entdeckung; würde sonst der Entdecker, als er den *Beweis* fand, eine Hekatombe geopfert haben?

Wie ganz anders stellen sich jetzt aber die Entdeckungen des Naturforschers dar, seitdem der geistige Hauch einer wahren Philosophie ihn dahin geführt hat, die Erscheinungen zu studiren, um zu Schlüssen auf ihre Ursachen und Gesetze zu gelangen.

Wenn der Naturforscher unserer Zeit eine Naturerscheinung, das Brennen eines Lichtes, das Wachsen einer Pflanze, das Gefrieren des Wassers, das Bleichen einer Farbe, das Rosten des Eisens erklären will, so stellt er die Frage nicht an sich selbst, an seinen Geist, sondern an die Erscheinung, an den Zustand selbst.

Der heutige Naturforscher, wenn er eine Erscheinung erklären will, fragt, was geht dieser Erscheinung voraus, was ist es, was darauf folgt? Was vorausgeht, nennt er Ursache oder Bedingung, was ihr folgt, nennt er Wirkung oder Effect.

Die Ermittelungen der Bedingungen einer Erscheinung ist das erste und nächste Erforderniss zu ihrer Erklärung. Sie müssen aufgesucht und durch Beobachtung festgestellt werden.

Wenn der Beobachter den Grund einer Erscheinung ermittelt hat und er im Stande ist, ihre Bedingungen zu vereinigen, so beweist er, indem er versucht die Erscheinungen nach seinem Willen hervorzubringen, die Richtigkeit seiner Beobachtungen durch den *Versuch*, das Experiment. Eine Reihe von Versuchen machen, heisst oft einen Gedanken in seine einzelnen Theile zerlegen und denselben durch eine sinnliche Erscheinung prüfen. Der Naturforscher macht Versuche, um die Wahrheit seiner Auffassung zu beweisen, er macht Versuche, um die Wahrheit in allen ihren verschiedenen Theilen zu zeigen. Wenn er für eine Reihe von Erscheinungen darzuthun vermag, dass sie alle Wirkungen derselben Ursache sind, so gelangt er zu einem einfachen Ausdruck derselben, welcher in diesem Fall ein *Naturgesetz* heisst. Wir sprechen von einer einfachen Eigenschaft als einem Naturgesetze, wenn diese zur Erklärung einer oder mehrerer Naturerscheinungen dient.

Die Geschichte der Philosophie lehrt uns, dass die weisesten Menschen, die grössten Denker des Alterthums und aller Zeiten, die Einsicht in das Wesen der Naturerscheinungen, die Bekanntschaft mit den Naturgesetzen als ein ganz unentbehrliches Hülfsmittel der Geistescultur angesehen haben. Die Physik war ein Theil der Philosophie. Durch die Wissenschaft macht der Mensch die Naturgewalten zu seinen Dienern, in dem Empirismus ist es der Mensch, der ihnen dient; der Empiriker wendet, wie bewusstlos, einem untergeordneten Wesen sich gleichstellend, nur einen kleinen Theil seiner Kraft dem Nutzen der menschlichen Gesellschaft zu. Die Wirkungen regieren seinen Willen, während er durch Einsicht in ihren innern Zusammenhang die Wirkungen beherrschen könnte.

Die Temperatur der Erde.

Von Johann Müller.

[JOHANN HEINRICH JAKOB MÜLLER, Professor der Physik an der Universität zu Freiburg, ward den 30. April 1809 in Kassel geboren. Er ist besonders bekannt durch sein *Lehrbuch der Physik und Meteorologie.*]

DIE Erwärmung der Erdoberfläche und der Atmosphäre haben wir nur den Strahlen der Sonne zu danken.

Indem die Sonnenstrahlen die Atmosphäre durchwandern, erleiden sie eine verhältnissmässig geringe Absorption, weil die Luft ein sehr diathermaner Körper ist. Erst wenn die Sonnenstrahlen die Erdoberfläche selbst treffen, werden sie absorbirt und in fühlbare Wärme verwandelt. Durch den erwärmten Boden wird die Lufthülle der Erde von unten her erwärmt.

Die Erwärmung des Bodens hängt von der Richtung ab, in welcher die Sonnenstrahlen ihn treffen, und da diese Richtung eine nach bestimmten Gesetzen regelmässig wechselnde ist, so ist klar, dass der Erwärmungszustand der Erdoberfläche und der unteren Schichten der Atmosphäre *periodischen Variationen* folgen muss, und zwar haben wir eine tägliche und eine jährliche Periode im Gange der Lufttemperatur (der Temperatur der untersten Luftschichten) zu unterscheiden.

Während der Erde durch die Sonnenstrahlen Wärme zugeführt wird, verliert sie auf der anderen Seite Wärme durch die Ausstrahlung gegen die kälteren Himmelsräume. Im Allgemeinen halten sich Ein- und Ausstrahlung das Gleichgewicht, d. h. die Summe der Wärme, welche der Erde durch die Sonnenstrahlen zugeführt wird, ist derjenigen gleich, welche sie durch Ausstrahlung verliert. Dabei ist aber die Wärme über die Erdoberfläche weder gleichförmig noch unveränderlich vertheilt.

Je nach der Natur der Bodenfläche kann die Temperatur der oberen Bodenschichten oft bedeutend von der Lufttemperatur verschieden sein. Ein nackter, des Pflanzenwuchses beraubter, steiniger oder sandiger Boden wird durch die Absorption der Sonnenstrahlen weit heisser; ein mit Pflanzen bedeckter Boden, z. B. ein Wiesengrund, wird durch die nächtliche Strahlung weit kälter als die Luft, deren Temperatur schon durch die fortwährenden Luftströmungen mehr ausgeglichen wird. In den afrikanischen Wüsten steigt die Hitze des Sandes oft auf 40 bis 48° R. Ein mit Pflanzen bedeckter Boden bleibt kühler, weil die Sonnenstrahlen ihn nicht direct treffen können; die Pflanzen selbst binden gewissermaassen eine bedeutende Wärmemenge, indem durch die Vegetation eine Menge Wasser verdunstet;

sie erkalten aber auch, bei ihrem grossen Emissionsvermögen, durch Ausstrahlung der Wärme so stark, dass die Temperatur des Grases oft 6 bis 9° unter die Temperatur der Luft sinkt. Im Inneren der Wälder ist die Luft beständig kühl, weil die dichte Laubdecke auf dieselbe Weise abkühlend wirkt wie eine Grasdecke, und weil die an den Gipfeln der Bäume abgekühlte Luft sich niedersenkt.

Obgleich alle Wärme auf der Oberfläche der Erde nur von der Sonne kommt, so hat doch die Erde auch ihre eigenthümliche Wärme, wie aus der Temperaturzunahme folgt, welche man in grossen Tiefen beobachtet hat. Wenn die Wärme nach dem Mittelpunkte der Erde hin auch in grösserer Tiefe noch in dem Maasse zunimmt, welches uns diese Beobachtungen zeigen, so müsste schon in einer Tiefe von 10,000 Fuss die Temperatur des siedenden Wassers herrschen, im Mittelpunkte der Erde aber müssten alle Körper glühend sein und in geschmolzenem Zustande sich befinden. Dass wir von dieser ungeheuren Hitze im Inneren der Erde auf der Oberfläche nichts merken, lässt sich durch das schlechte Leitungsvermögen der erkalteten Erdkruste erklären, welche diesen glühenden Kern einschliesst.

Die meisten wasserreichen Quellen haben eine Temperatur, welche sich in den verschiedenen Jahreszeiten nur sehr wenig ändert; in unserer Hemisphäre erreichen sie meistens ihre höchste Temperatur im September, die niedrigste im März. Die Differenz ihrer höchsten und ihrer niedrigsten Temperatur beträgt in der Regel nur 1 bis 2°.

Quellen, welche aus grösseren Tiefen kommen, haben eine weit höhere Temperatur, wie dies bei vielen Salzquellen und sonstigen Mineralquellen der Fall ist. Das Wasser mancher Quellen hat fast die Temperatur des Siedepunktes.

Nebel, Wolken und Regen.

Von Johann Müller.

WENN die Wasserdämpfe, aus einem Topfe mit kochendem Wasser aufsteigend, sich in der kälteren Luft verbreiten, so werden sie alsbald verdichtet; es entsteht der Schwaden, welcher aus einer Menge kleiner hohler Wasserbläschen besteht, die in der Luft schweben. Man nennt diesen Schwaden auch öfters Dampf; doch ist es kein Dampf mehr, wenigstens kein Dampf im physikalischen Sinne des Wortes, denn es ist ja ein verdichtetes Wassergas.

Wenn die Verdichtung der Wasserdämpfe nicht durch Berührung mit kalten festen Körpern, sondern durch die ganze Masse der Luft hindurch vor sich geht, so entstehen Nebel, welche im Grossen dasselbe sind wie der Schwaden, den wir über kochendem Wasser sehen.

Nebel entstehen jeder Zeit, wenn die mit Wasserdämpfen gesättigte Luft auf irgend eine Weise durch ihre ganze Masse hindurch unter ihren Thaupunkt erkaltet wird, wenn also die mit Wasserdampf gesättigte wärmere Luft durch Windströmungen an kältere Orte hingeführt, oder wenn sie mit kälteren Luftmassen gemengt wird.

Diese Wolken sind nichts anderes als Nebel, welche in den höheren Luftregionen schweben, sowie denn Nebel nichts sind als Wolken, welche auf dem Boden aufliegen. Oft sieht man die Gipfel der Berge in Wolken eingehüllt, während die Wanderer auf diesen Bergspitzen sich mitten im Nebel befinden.

Auf den ersten Anblick scheint es unbegreiflich, wie die Wolken in der Luft schweben können, da sie doch aus Bläschen bestehen, welche offenbar schwerer sind als die umgebende Luft. Da das Gewicht dieser kleinen Wasserbläschen im Vergleich zu ihrer Oberfläche sehr gering ist, so muss die Luft ihrem Falle einen bedeutenden Widerstand entgegensetzen; sie können sich jedenfalls nur sehr langsam herabsenken, wie ja auch eine Seifenblase, welche überhaupt mit unseren Dunstbläschen eine grosse Aehnlichkeit hat, in ruhiger Luft nur langsam fällt. Somit müssen aber doch die Dunstbläschen, wenn auch sehr langsam, sinken, und man sollte demnach meinen, dass bei ruhigem Wetter sich die Wolken doch endlich bis auf den Boden herabsenken müssten.

Die bei ruhigem Wetter allerdings herabsinkenden Dunstbläschen können aber den Boden nicht erreichen, weil sie bald in wärmere, nicht mit Dämpfen gesättigte Luftschichten gelangen, in welchen sie sich wieder in Dampf auflösen und dem Blicke entschwinden; während sich aber unten die Dunstbläschen auflösen, werden an der oberen Grenze neue gebildet, und so scheint die Wolke unbeweglich in der Luft zu schweben.

Wir haben eben die Dunstbläschen in ganz ruhiger Luft betrachtet. In bewegter Luft werden sie der Richtung der Luftströmung folgen müssen; ein Wind, welcher sich in horizontaler Richtung fortbewegt, wird die Wolken auch in horizontaler Richtung fortführen, und ein aufsteigender Luftstrom wird sie mit in die Höhe nehmen, sobald seine Geschwindigkeit grösser ist als die Geschwindigkeit, mit welcher die Dampfbläschen in ruhiger Luft herabfallen würden. Sehen wir ja doch auch, wie die Seifenblasen durch den Wind fortgeführt und über Häuser hinweggetragen werden. So erklärt sich denn auch durch die aufsteigenden Luftströme das Steigen des Nebels.

Wenn durch fortwährende Condensation von Wasserdämpfen die einzelnen Dunstbläschen grösser und schwerer werden, wenn endlich einzelne Bläschen sich nähern und zusammenfliessen, so bilden sich förmliche Wassertropfen, welche nun als Regen herabfallen. In der Höhe sind die Regentropfen noch sehr klein, sie werden aber während des Fallens grösser, weil sie wegen ihrer geringeren Temperatur die Wasserdämpfe der Luftschichten verdichten, durch welche sie herabfallen.

Gletscher.

Von Hermann Credner.

[Professor der Geologie an der Universität zu Leipzig.]

GLETSCHER sind Eisströme, welche in den Firnschneefeldern entspringen und sich in langsamem Flusse thalabwärts bewegen. Manche derselben erreichen eine Länge von über 3 Meilen und eine Dicke von gegen 300 Meter. Ihr Material besteht aus festen, harten Eiskörnern, welche zu einer compacten Masse verschmolzen sind. Letztere ist nach allen Richtungen von ausserordentlich feinen, sich netzförmig kreuzenden und verzweigenden Haarspalten durchzogen. Das Gletscher-Eis entsteht aus Zusammenschmelzen des Firn-Eises, dieses durch Abschmelzen der Firnschneekrystalle zu runden, losen oder durch Eiscement verkitteten Körnern. Die Heimath des Firnschnees sind die höchsten Partien des Hochgebirges, sowie das Innere des polaren Festlandes, wo er sich als Niederschlag der atmosphärischen Feuchtigkeit bildet. Hier bleibt er in Folge der Kälte und Trockenheit der Luft fast unverändert und würde in das Unendliche anwachsen, wenn die Schneemassen nicht nach unten pressten und dadurch ihre ursprüngliche Lagerstätte verlassen müssten. In geringere Höhen und in polaren Gegenden in grösserer Nähe des Meeres gelangt, bildet er sich zu Firn-Eis und in noch tieferen Niveaux zu Gletscher-Eis um. Jedoch gestaltet sich das Firn-Eis nicht erst an seiner unteren, als Firnlinie bezeichneten Grenze zum Gletscherstrom, es ist dies vielmehr nur die Region, in welcher der bereits auf dem Boden der Firnanhäufung fertig gewordene Gletscher unter seiner Firnbedeckung hervortritt. Diese ist anfänglich dünn, je höher man sich jedoch von der Firnlinie entfernt, desto schwächer wird die Eislage auf dem Grunde des Firnes und desto mächtiger dieser selbst. Druck und Abschmelzung durch die Erdwärme scheinen die Veranlassung zur Vereisung der tieferen Firnpartien und somit zur Gletscherbildung zu geben. Die Firnschneefelder sind demnach die Eisreservoirs, aus denen die Gletscher entspringen und ernährt werden, so dass sich Gletscher und Schneefelder zu einander verhalten, wie ein Fluss zu dem See, welchem er Abfluss verschafft. Es bewegt sich also auch die Firnmasse fort und fort thalabwärts, bis sie in oben angegebener Weise in Gletschereis umgewandelt wird und dann als solches die Bewegung fortsetzt. Es sind demnach zwei Bedingungen, von denen die Entstehung der Gletscher abhängig ist, erstens die Existenz kesselförmiger Erweiterungen der Thalenden, deren Boden nur eine geringe Neigung besitzt, und zweitens die Lage dieser Kessel oberhalb der Schneelinie, so dass sich darin grosse Massen des Firn anhäufen können, ohne alljährlich wegzuschmelzen.

Die Gletscherbewegung geht vor sich in Folge des Gewichtes, also des thalabwärts gerichteten Druckes seiner Masse. Nun giebt zwar das Gletschereis an und für sich bis zu einem gewissen Grade diesem stetig wirkenden Drucke nach, ohne dass sich Risse bilden, jedoch wird diese Plasticität durch folgende Erscheinungen noch bedeutend vermehrt. Unter hohem Drucke sinkt der Gefrierpunkt des Wassers; bei sehr hohem Drucke, der auf Eis wirkt, findet deshalb eine theilweise Schmelzung des Eises zu Wasser von unter Null Grad statt. Letzteres wird herausgepresst und die thalaufwärts gelegenen, abwärts drückenden Eismassen rücken um den Betrag dieser Volumenverminderung nach. Unter Vermittelung dieser theilweisen Verflüssigung des Gletschereises durch den auf ihm lastenden Druck bewegt sich die Gletschermasse nach und nach abwärts. Das ausgequetschte Wasser treibt auf seinem Wege einen Theil der im Gletschereise so häufigen Luftblasen aus und nimmt deren Stelle ein. Vom Drucke frei gefriert es wieder, da seine Temperatur unter Null Grad ist, und macht das Eis dichter, wodurch einerseits der Gletscher, was er an Volumen verliert, zum Theil wenigstens, an Dichte gewinnt, und wodurch anderseits die rechtwinkelig auf der Druckrichtung stehende Bänderung des Gletschereises, also die Wechsellagerung von luftblasenfreiem, blauem, und luftblasenreichem, weissem Eise erzeugt wird.

Hoher Druck wirkt jedoch noch in anderer Weise auf das Gletschereis ein, indem er in demselben ein dichtes Netz von *Haarspalten* aufreisst und das Eis in lauter *Körner* zerbricht, die in diesem losen Zustande ihre Stellung etwas verändern und dann von Neuem zusammenfrieren. Diese Processe der Haarspaltenentstehung, der Gletscherkornbildung und des Wiederzusammenfrierens (der Regelation) gehen ununterbrochen neben und durcheinander im Gletschereise vor sich und erzeugen einerseits die Konstructur desselben und vergrössern anderseits seine Plasticität.

Während sich das Gletschereis nach allen seinen Bewegungserscheinungen unter dem hohen *Drucke* der nachpressenden Masse plastisch erweist, so verhält es sich gegen den *Zug* und gegen *Erschütterungen spröde:* es bricht und reisst. Daher die *Spaltenbildung* bei plötzlicher Senkung des Untergrundes und bei starker Erweiterung des Gletscherbettes.

Der Vorschub, welchen das Eis der Aufgabe des Wassers leistet, indem es Hand in Hand mit ihm die Gebirge abzutragen beflissen ist, offenbart sich am augenfälligsten in dem Transporte von Gesteinsmassen auf dem Rücken der Gletscher. Von den Felspartien, zwischen welchen sich diese hindurch drängen, stürzen zum Theil in Folge der zerstörenden Gewalt der Lawinen grössere oder kleinere Trümmer auf die Gletscheroberfläche, wo sie sich zu vereinzelten Haufwerken ansammeln würden, wenn der Gletscher stillstände, dadurch aber, dass er unter dem Ursprungsorte der Gesteinsbruchstücke langsam vorbei zieht, ordnen sich diese in lange, der Bewegung und den Rändern des Gletschers parallele Reihen, es entstehen die *Seitenmoränen*.

Mit solchen Gesteinsmassen beladen, setzt der Gletscher seine thalabwärts gerichtete Wanderung fort. Vereinigen sich auf ihrem Wege zwei Eisströme zu einem Hauptgletscher, so treten zugleich diejenigen ihrer Seitenmoränen, welche auf den mit einder beim Contacte verschmelzenden Rändern der beiden Gletscher lagern, zusammen und bilden dann auf dem Mittelrücken des neu entstandenen Hauptgletschers eine *Mittelmoräne*. Da jeder Vereinigung von zwei Gletscherströmen eine Mittelmoräne entspricht, so ist man im Stande, aus der Anzahl dieser letzteren auf die Zahl der nach und nach zu einem Hauptgletscher vereinigten Nebengletscher zu schliessen. An seiner Grenzlinie angelangt, schmilzt das Eis des Gletschers, seine Belastung stürzt auf die Thalsohle und häuft sich hier im Laufe der Zeit zu einem oft mehrere hundert Fuss hohen Wall, der *End-* oder *Stirnmoräne* auf, — eine Station auf der Wanderung der Gesteinsbruchstücke von dem höchsten Bergesgipfel nach dem Meere.

Das Thermometer.

Von Johann Müller.

Da alle Körper durch die Wärme ausgedehnt werden, und also das Volumen eines Körpers von dem Grade seiner Erwärmung abhängt, so kann die Ausdehnung eines Körpers dazu dienen, um den Grad seiner Erwärmung, seine Temperatur, zu messen. Die Instrumente aber, welche man anwendet um die Temperatur zu bestimmen, nennt man *Thermometer*.

An dem unteren Ende einer engen Glasröhre befindet sich ein kugelförmiges oder cylindrisches Gefäss; dies Gefäss und ein Theil der Röhre ist mit Quecksilber gefüllt. Durch Erwärmung vermehrt sich das Volumen des Quecksilbers, es steigt in der Röhre; wenn die Kugel erkaltet, vermindert sich das Volumen des Quecksilbers wieder, der Gipfel der Quecksilbersäule in der Röhre sinkt.

Bei gleicher Temperatur nimmt der Gipfel der Quecksilbersäule stets dieselbe Stelle in der Röhre ein. Je wärmer das Quecksilber im Gefäss wird, desto höher wird der Gipfel der

Quecksilbersäule in der Röhre steigen. Um aber ein solches Instrument zur Messung von Temperaturen benutzen zu können, muss es erst graduirt werden. Das Graduiren der Thermometer besteht darin, dass man zwei feste Punkte auf der Röhre markirt und den Zwischenraum (~~den Fundamentalabstand~~) in gleiche Theile theilt. Für die festen Punkte nimmt man den Gefrierpunkt und den Siedepunkt des Wassers. Um den Gefrierpunkt zu bestimmen, steckt man die Thermometerkugel und die Röhre, soweit das Quecksilber in derselben reicht, in ein Gefäss mit fein gestossenem Eise oder Schnee. Wenn die Temperatur der Umgebung höher ist als der Gefrierpunkt, so schmilzt das Eis und die Masse nimmt die unveränderliche Temperatur des Gefrierpunktes an. Bald nimmt auch das Thermometer diese Temperatur an und bleibt nun vollkommen stationär; man hat alsdann nur mit Genauigkeit den Punkt der Röhre zu markiren, wo gerade der Gipfel der Quecksilbersäule steht. Man bezeichnet diesen Punkt zuerst mit Tusch und alsdann mit einem Diamant.

Um den Siedepunkt eines Thermometers zu bestimmen, nimmt man ein Gefäss mit langem Halse, in welchem man distillirtes Wasser zum Kochen bringt; nachdem es einige Zeit gekocht hat, sind alle Theile des Gefässes gleichmässig erwärmt und der Dampf entweicht durch die Seitenöffnungen; das Thermometer ist alsdann von Dampf umgeben, dessen Temperatur dieselbe ist wie die der obersten Wasserschicht. Die Quecksilbersäule steigt in der Röhre bald bis zu einem Punkte, auf dem es fest stehen bleibt und den es nicht überschreitet. Man bezeichnet diesen Punkt wie den Gefrierpunkt. Wenn in diesem Augenblicke die Barometerhöhe nicht gerade 760 Millimeter ist, so ist eine Correction anzubringen.

Der Zwischenraum zwischen den beiden festen Punkten wird nun in eine bestimmte Anzahl gleicher Theile getheilt, und so erhält man die Thermometerscala.

Alle Thermometer, welche auf diese Weise construirt sind und bei denen der Fundamentalabstand in eine gleiche Anzahl von

Theilen getheilt ist, sind vergleichbare Instrumente, d. h. sie zeigen bei gleichen Temperaturen eine gleiche Zahl von Graden.

Beim Centesimalthermometer ist der Fundamentalabstand in 100 gleiche Theile getheilt.

Die absolute Länge des Fundamentalabstandes, also auch die absolute Länge der einzelnen Grade ist keineswegs für alle Thermometer gleich. Die einzelnen Grade werden um so länger, je grösser der Inhalt des Gefässes im Verhältniss zum Durchmesser der Röhre ist.

Man kann Quecksilberthermometer construiren, welche bis zu 360 dieser Grade gehen, weiter aber nicht, weil man sonst dem Siedepunkte des Quecksilbers (400°) zu nahe kommt. Unter Null sind die Angaben des Quecksilberthermometers richtig bis $-30°$ oder $-35°$. Bei noch geringerer Temperatur kommt man dem Gefrierpunkte des Quecksilbers ($-40°$) zu nahe. In der Nähe der Temperaturen nämlich, bei welchen die Körper ihren Aggregatzustand ändern, ist ihre Ausdehnung nicht mehr regelmässig.

Die Tonempfindungen.

Von Hermann Helmholtz.

[HERMANN LUDWIG HELMHOLTZ wurde in Potsdam den 31. August 1821 geboren, ward 1849 Professor der Physiologie in Königsberg, 1855 in Bonn, 1858 in Heidelberg, 1870 Professor der Physik in Berlin. Er war Mitentdecker des Gesetzes von der *Erhaltung der Kraft*, und begründete die neue *Lehre vom Sehen* und von den *Tonempfindungen.*]

ZUERST, was ist ein Ton? Schon die gemeine Erfahrung lehrt uns, dass alle tönenden Körper in Zitterungen begriffen sind. Wir sehen und fühlen dies Zittern, und bei starken Tönen fühlen wir, selbst ohne den tönenden Körper zu berühren, das Schwirren der uns umgebenden Luft. Specieller zeigt die Physik, dass jede Reihe von hinreichend schnell sich wiederholenden Stössen, welche die Luft in Schwingungen versetzt, in dieser einen Ton erzeugt.

Musikalisch wird der Ton, wenn die schnellen Stösse in ganz regelmässiger Weise und in genau gleichen Zeiten sich wiederholen, während unregelmässige Erschütterungen der Luft nur Geräusche geben. Die *Höhe* eines musikalischen Tons hängt von der Zahl solcher Stösse ab, die in gleicher Zeit erfolgen; je mehr Stösse in derselben Zeit, desto höher der Ton. Dabei stellt sich, wie bemerkt, ein enger Zusammenhang zwischen den bekannten harmonischen, musikalischen Intervallen und der Zahl der Luftschwingungen heraus. Wenn bei einem Tone zweimal so viel Schwingungen in derselben Zeit geschehen, wie bei einem anderen, so ist er die höhere Octave dieses anderen. Ist das Verhältniss der Schwingungen in gleicher Zeit 2 : 3, so bilden beide Töne eine Quinte, ist es 4 : 5, so bilden sie eine grosse Terz.

Ein Ton von gleicher Schwingungszahl ist immer gleich hoch, von welchem Instrumente er auch hervorgebracht werden mag. Was übrigens nun noch die Note *A* des Claviers von der Note *A* der Violine, Flöte, Clarinette, Trompete unterscheidet, nennt man die *Klangfarbe*.

Die Bewegung der Luftmasse, wenn ein Ton durch sie hineilt, gehört zu den sogenannten Wellenbewegungen, einer in der Physik sehr wichtigen Classe von Bewegungen. Denn ausser dem Schalle ist auch das Licht eine Bewegung derselben Art.

Der Namen ist vom Vergleich mit den Wellen der Oberfläche unserer Gewässer hergeleitet, und wir werden an ihnen auch die Eigenthümlichkeiten einer solchen Bewegung uns am leichtesten anschaulich machen können.

Wenn wir einen Punkt einer ruhenden Wasserfläche in Erschütterung versetzen, z. B. einen Stein hineinwerfen, so pflanzt sich die Bewegung, welche wir hervorgerufen haben, in Form kreisförmig sich verbreitender Wellen über die Oberfläche des Wassers fort. Der Wellenkreis wird immer grösser und grösser, während an dem ursprünglich getroffenen Punkte schon wieder

Ruhe hergestellt ist; dabei werden die Wellen immer niedriger, je mehr sie sich von ihrem Mittelpunkte entfernen, und verschwinden allmälig. Wir unterscheiden an einem solchen Wellenzuge hervorragende Theile, die Wellenberge, und eingesenkte, die Wellenthäler.

Einen Wellenberg und ein Thal zusammengenommen nennen wir eine Welle, und deren Länge messen wir vom Gipfel eines Wellenberges bis zum nächsten.

Die Ausbreitung der Schallwellen ist nicht, wie die der Wasserwellen, auf eine horizontale Fläche beschränkt, sondern sie können sich nach allen Richtungen in den Raum hinein ausbreiten. Denken Sie die Kreise, welche ein in das Wasser geworfener Stein erzeugt, nach allen Richtungen des Raumes hin auslaufend, so werden daraus kugelförmige Luftwellen, in denen sich der Schall verbreitet.

Die Wellenlänge hängt mit der Höhe des Tones zusammen; ich füge hinzu, dass die Höhe der Wellenberge oder, auf die Luft übertragen, die Stärke der abwechselnden Verdichtungen und Verdünnungen, der Stärke und Intensität des Tones entspricht. Aber Wellen von gleicher Höhe können noch eine verschiedene Form haben. Die Gipfel ihrer Berge z. B. können abgerundet oder spitz sein. Entsprechende Verschiedenheiten können auch bei Schallwellen von gleicher Tonhöhe und Stärke vorkommen, und zwar ist es die Klangfarbe, was der *Form* der Wasserwellen entspricht.

Wenn neben einem Clavier mehrere Töne gleichzeitig angegeben werden, kann eine jede einzelne Saite immer nur dann mitschwingen, wenn darunter ihr eigener Ton ist.

Was in unserem Ohr in demselben Falle geschieht, ist vielleicht dem eben beschriebenen Vorgange im Claviere sehr ähnlich. In der Tiefe des Felsenbeins, in welches hinein unser inneres Ohr ausgehöhlt ist, findet sich nämlich ein besonderes Organ, die Schnecke, so genannt, weil es eine mit Wasser gefüllte Höhlung bildet, die der inneren Höhlung des Gehäuses unserer gewöhnlichen Weinbergschnecke durchaus ähnlich ist.

Nur ist dieser Gang der Schnecke unseres Ohres seiner ganzen Länge nach durch zwei in der Mitte seiner Höhe ausgespannte Membranen in drei Abtheilungen, eine obere, eine mittlere und untere, geschieden. In der mittleren Abtheilung sind durch den Marchese Corti sehr merkwürdige Bildungen entdeckt, unzählige, mikroskopisch kleine Plättchen, welche wie die Tasten eines Claviers regelmässig neben einander liegen, an ihrem einen Ende mit den Fasern des Hörnerven in Verbindung stehen, am anderen der ausgespannten Membran anhängen.

Neuerdings sind nun auch in dem anderen Theile des Gehörorgans, dem sogenannten Vorhofe, wo die Nerven sich auf häutigen Säckchen verbreiten, die im Wasser schwimmen, elastische Anhängsel der Nervenenden entdeckt worden, welche die Form steifer Härchen haben. Darüber, dass diese Gebilde durch die zum Ohr geleiteten Schallerschütterungen in Mitschwingung versetzt werden, lässt ihre anatomische Anordnung kaum einen Zweifel. Stellen wir weiter die Vermuthung auf, dass jedes solches Anhängselchen, ähnlich den Saiten des Claviers, auf einen Ton abgestimmt ist, so sehen Sie nach dem Beispiel des Claviers ein, dass nur, wenn dieser Ton erklingt, das betreffende Gebilde schwingen und die zugehörige Nervenfaser empfinden kann, und dass die Gegenwart eines jeden einzelnen solchen Tones in einem Tongewirr auch stets durch die entsprechende Empfindung angezeigt werden muss.

Die Dampfmaschine.

Von Johann Müller.

DER Wasserdampf gehört zu den mächtigsten bewegenden Kräften, die uns zu Gebote stehen. Es ist kein Zweifel, dass der ungeheure Aufschwung, dessen sich die Industrie und der Verkehr in den neuesten Zeiten zu erfreuen haben, der Anwendung des Wasserdampfs zu verdanken ist. Der Wasserdampf liefert uns eine Kraft, deren wir aufs vollkommenste Meister sind, der wir jede nur beliebige Intensität geben können, die wir überall leicht erzeugen und anbringen können.

Zu den einfachsten Formen der Dampfmaschine gehört ohne Zweifel die Hochdruckmaschine. Durch ein Rohr gelangt der Dampf aus dem Dampfkessel zunächst in einen Dampfraum, von welchem aus zwei Canäle zum Cylinder führen, worin sich der Kolben bewegt; ein Rohr mündet am oberen Ende des Cylinders, das andere am unteren Ende. Durch den Vertheilungsschieber wird bewirkt, dass der Dampf abwechselnd unten und dann wieder oben in den Cylinder einströmt und den Kolben abwechselnd auf und nieder treibt.

Die Kolbenstange bewegt sich luft- und dampfdicht durch eine Stopfbüchse, welche sich in der Mitte des oberen Cylinderdeckels befindet.

An der Kolbenstange ist zunächst die Pleuelstange (Treibstange) befestigt, welche durch Vermittelung einer Kurbel die alternirende Bewegung des Kolbens in eine gleichförmige Rotationsbewegung verwandelt. Die Axe der Kurbel ist die Hauptaxe der Maschine, welche in Bewegung gesetzt werden soll; an dieser Axe ist auch das Schwungrad befestigt, welches dazu dient, kleinere Ungleichheiten im Gange der Maschine auszugleichen.

Die Bewegung des Kolbens ist begreiflicherweise nicht gleichförmig, da derselbe am oberen und unteren Ende seiner Bahn momentan zur Ruhe kommt, um dann die Richtung seiner Bewegung umzukehren. Seine Geschwindigkeit ist am grössten, wenn er eben die Mitte des Cylinders passirt; sie nimmt um so mehr ab, je mehr er sich dem oberen oder unteren Ende des Cylinders nähert. Betrachten wir nun die Bewegung der Kurbel, so finden wir, dass bei gleichförmiger Umdrehungsgeschwindigkeit ihre Bewegung im verticalen Sinne dennoch sehr veränderlich ist. Der Kurbelarm steht wagerecht, wenn der Kolben sich in der Mitte des Cylinders befindet, in diesem Momente hat die Bewegung der Kurbel eine verticale Richtung; wenn aber der Kolben seine höchste oder tiefste Stellung hat, so bewegt sich die Kurbel in horizontaler Richtung. Der verticale Antheil der Kurbelbewegung ist der Bewegung des Kolbens ganz gleich; in dem Maasse in welchem die Kurbelbewegung mehr horizontal wird, nimmt die Geschwindigkeit des Kolbens ab, ohne dass dadurch eine Verminderung in der Umdrehungsgeschwindigkeit der Kurbel erfolgte.

Das Schwungrad dient dazu, die Bewegung der Maschine gleichförmig zu erhalten. Wenn auch der Druck des Dampfes auf den Kolben ganz unveränderlich wäre, so würde er doch nicht bei allen Stellungen der Kurbel gleichviel zu deren Umdrehung beitragen können. In der That kann man den Druck, welcher durch die Treibstange auf die Kurbel wirkt, in zwei zu einander rechtwinklige Kräfte zerlegt denken; die eine, in der Richtung der Kurbel selbst als Druck auf die Axe wirkend, trägt nichts zur Umdrehung bei, welche ganz allein durch die andere, tangential zur Kurbelbahn wirkende Seitenkraft hervorgebracht wird. Die Grösse dieser beiden Kräfte ändert sich aber in jedem Momente. Wenn der Kurbelarm vertical steht, wirkt jeder Druck, welcher vom Kolben ausgeht, einzig und allein als Druck auf die Kurbelaxe. Wenn in dieser Stellung die Maschine stillstände, so würde der grösste Druck auf den Kolben sie nicht in Bewegung setzen können; dass also die Maschine, indem sie in diese Stellung kommt, nicht absolut stillstehen bleibt, rührt einzig und allein daher, dass die einzelnen Maschinentheile vermöge ihrer Trägheit ihre Bewegung fortsetzen, gerade so wie ein Pendel, wenn es in der Ruhelage ankommt, doch vermöge seiner Trägheit die Bewegung fortsetzt.

Ueberhaupt wird der Lauf der Maschine eine Beschleunigung erfahren, während der Kolben sich in der Nähe der Mitte des Cylinders bewegt; dagegen tritt eine Verzögerung im Laufe der Maschine ein, wenn sich der Kolben nahe am oberen oder unteren Ende des Cylinders befindet; diese Ungleichförmigkeiten werden aber durch das Schwungrad um so mehr ausgeglichen, je grösser die Masse und der Halbmesser desselben ist.

Wenn die zu verrichtende Arbeit, der zu überwindende Widerstand im Allgemeinen ab- oder zunimmt, so ist die Folge davon, dass der Gang der Maschine schneller oder langsamer wird. Momentane kurz dauernde Störungen der Art werden schon durch das Schwungrad ausgeglichen; eine allgemeine Verminderung des Widerstandes und der Last aber würde bei unverändertem Zuflusse des Dampfes eine immer zunehmende Beschleunigung des Ganges der Maschine zur Folge haben. Damit nun die Geschwindigkeit nicht über eine gewisse Grenze wachsen kann, muss im Dampfzuflussrohre eine Klappe, Drosselventil, angebracht sein, durch deren Drehung dem Dampfe der Weg mehr oder weniger versperrt wird, je nachdem sie mehr und mehr aus der verticalen Lage (der vollkommenen Oeffnung) in die horizontale (den vollkommenen Verschluss) übergeht. Die Drehung dieser Klappe muss aber durch die Maschine selbst besorgt werden und dies geschieht durch eine Vorrichtung, welche den Namen *Regulator* führt.

Einwirkung der Wälder auf das Klima.

Von August Grisebach.

[AUGUST HEINRICH RUDOLF GRISEBACH, geboren 1814 zu Hannover, seit 1841 Professor der Botanik in Göttingen; verdient um die *Pflanzengeographie.*]

EINE wichtige, vielfach angeregte und in verschiedenem Sinne beantwortete Frage ist es, welche Wirkung die Wälder auf das Klima ausüben, und ob die Kultur, indem sie dieselben lichtete und auf dem einst vom Dickicht der Bäume beschatteten Boden sonnige Ackerfelder ausbreitete, dadurch wesentliche Aenderungen in den physischen Lebensbedingungen der organischen Natur herbeiführte. Allgemein anerkannt ist der Einfluss der Wälder auf die gleichmässigere Benetzung des Bodens im Verlaufe der Jahreszeiten. Diese Wirkung lässt sich unmittelbar am leichtesten beobachten, weil der Wasserstand der Flüsse, die aus waldigen Gegenden kommen, sich weniger ändert, als in offenen Landschaften. Der humose, von den Wurzeln der Bäume durchflochtene Erdboden hält die Feuchtigkeit der Niederschläge zurück, die sonst rascher zu den Quellen abfliesst. Auch die Niederschläge selbst treten häufiger ein, weil jedes Blatt eine verdunstende Scheibe ist, die Laubmasse eines Waldes eine Wasserdampf liefernde Oberfläche von beispiellosem Umfange bildet und die Verdunstungskälte sich den benachbarten Luftschichten mittheilt, in denen der Dampf sich wiederum zu Nebel und Wolken verdichten kann. Die Wolkenbildungen des Sommers kann man als ein topographisches Spiegelbild der Landschaft betrachten, wo die Zwischenräume des blauen Himmels den offenen und stärker erhitzten Gliederungen der Erdoberfläche entsprechen, aus denen die warmen Luftströme aufsteigen, welche die Nebelbläschen wieder auflösen. Wäre das Ganze nicht in Bewegung, so würde es im Walde noch häufiger regnen, aber der Wechsel der waldigen und waldlosen Strecken ist die günstigste Bedingung für örtlich begrenzte Niederschläge, die auch dann eintreten, wenn die allgemeine Windesrichtung Trockenheit ankündigt. Es lassen sich drei physiologische Verhältnisse anführen, von denen die Temperatur des Waldes abhängt, und die, in gleichem Sinne zusammenwirkend, während der Vegetationsperiode eine örtliche Abkühlung und damit eine Vermehrung der Niederschläge herbeiführen. Zuerst die Beschattung durch die Laubkronen, welche die Sonnenstrahlen von den erwärmungsfähigsten Körpern, von den unorganischen Erdkrumen abhalten, sodann der Wasservorrath sowohl in den festen Geweben, worin derselbe einen bedeutenden Theil von dem Gesammtgewicht des in der Fülle der Vegetation stehenden Baums ausmacht, als auch im Boden, der die Feuchtigkeit zurückhält, endlich die Verdunstung der Blätter, wodurch die Wärme der Umgebungen gemindert wird: alles dies sind stetig wirksame Quellen der Abkühlung. Ihre Wirkungen zeigen sich in den

Messungen der Temperatur theils des Holzgewebes der Bäume im Sommer, theils des beschatteten Bodens im Gegensatz zu der Erdwärme offener Landschaften. Im Winter treten freilich entgegengesetzte Bedingungen ein, aber was im Sommer für die Beschleunigung der Wassercirculation durch die Atmosphäre von den Wäldern geleistet wurde, ist als ein positiver Werth in der Regenmenge des ganzen Jahres enthalten. In den Gebirgen mag die Verminderung der Niederschläge, wenn sie entwaldet wurden, nicht immer nachzuweisen sein, weil die Wirkung der Bäume viel geringer ist, als die des kalten Bodens selbst, aber in den Tiefländern der tropischen Zone, in Indien, in Brasilien, hat man stets den Waldverwüstungen eine Schwächung der Regenzeit folgen sehen. Ich glaube daher den Satz aussprechen zu dürfen, dass die Lichtung der Wälder in Europa die Niederschläge verringert und das Wärmeklima kontinentaler gemacht hat.

Chemische Analyse.

Von R. Fresenius.

[KARL REMIGIUS FRESENIUS, geboren am 28. December 1818 zu Frankfurt a/M., Professor der Chemie, Physik und Technologie am landwirthschaftlichen Institut in Wiesbaden; höchst verdient um die *chemische Analyse*.]

DIE Chemie ist, wie bekannt, die Wissenschaft, welche uns die Stoffe, aus denen unsere Erde besteht, ihre Zusammensetzung und Zersetzung, überhaupt ihr Verhalten zu einander kennen lehrt. Eine besondere Abtheilung derselben wird mit dem Namen *analytische* Chemie bezeichnet, insofern sie einen bestimmten Zweck, nämlich die Zerlegung (die Analyse) zusammengesetzter Körper und die Ausmittelung ihrer Bestandtheile verfolgt. Wird bei dieser Ausmittelung der Bestandtheile nur auf die *Art* derselben Rücksicht genommen, so ist die Analyse eine *qualitative*, soll aber die *Menge* jedes einzelnen Stoffes erforscht werden, so ist sie eine *quantitative*. Die erstgenannte hat daher zur Aufgabe, die Bestandtheile einer unbekannten Substanz in *schon bekannten* Formen darzustellen, so dass diese neuen Formen sichere Schlüsse auf die Anwesenheit der einzelnen Stoffe gestatten. Der Werth ihrer Methode hängt von zwei Umständen ab, sie muss nämlich erstens unfehlbar und zweitens möglichst schnell zum Ziele führen. — Die Aufgabe der quantitativen Analyse hingegen ist, die durch die qualitative Untersuchung bekannt gewordenen Stoffe in Formen darzustellen, welche eine möglichst scharfe Gewichtsbestimmung zulassen, oder auf andere Art die Ermittelung ihrer Quantität herbeizuführen.

Die Wege, auf welchen diese verschiedenen Zwecke erreicht werden, weichen, wie natürlich, sehr von einander ab. Es muss daher das Studium der qualitativen und quantitativen Analyse getrennt, und der Natur der Sache nach mit Erlernung der ersteren der Anfang gemacht werden.

Nachdem so der Begriff und die Aufgabe der qualitativen Analyse im Allgemeinen festgestellt ist, müssen zuerst die Vorkenntnisse, welche zur Beschäftigung damit berechtigen, der Rang, welchen sie überhaupt im Gebiete der Chemie einnimmt, die Gegenstände auf die sie sich erstreckt und ihr Nutzen erwogen, sodann aber die Hauptpunkte, auf welche ihr Studium sich stützt, die Hauptabtheilungen, in welche es zerfällt, in Betrachtung gezogen werden.

Eine Beschäftigung mit qualitativen Untersuchungen setzt vor Allem eine Bekanntschaft mit den chemischen Elementen und ihren wichtigsten Verbindungen, wie auch mit den Grundsätzen der Chemie voraus, und erfordert Uebung in der Erklärung chemischer Processe. Sie verlangt ferner strenge Ordnung, grösste Reinlichkeit und ein gewisses Geschick beim Arbeiten. Kommt hierzu noch die Gewöhnung, in allen Fällen, in welchen der Erfahrung widersprechende Erscheinungen eintreten, den Fehler stets zuerst an sich, oder vielmehr an dem Mangel einer zum Eintreten der Erscheinung nothwendigen Bedingung zu suchen, wie diese Gewöhnung ja aus dem festen Vertrauen auf die Unveränderlichkeit der Naturgesetze hervorgehen muss, so ist Alles gegeben, das Studium der analytischen Chemie zu einem erfolgreichen zu machen.

Obgleich sich nun die chemische Analyse auf die allgemeine Chemie stützt und ohne Kenntnisse in derselben nicht ausgeübt werden kann, so muss sie andererseits auch als ein Hauptpfeiler betrachtet werden, auf dem das ganze Wissenschaftsgebäude ruht; denn sie ist für alle Theile der Chemie, der theoretischen sowohl als der angewandten, fast von gleicher Wichtigkeit, und der Nutzen, den dieselbe dem Arzte, dem Pharmaceuten, dem Mineralogen, dem rationellen Landwirthe, dem Techniker und Anderen gewährt, bedarf keiner Auseinandersetzung.

Es wäre dies gewiss Ursache genug, die Sache mit möglichster Gründlichkeit, mit ernstem Eifer zu betreiben, brächte die Beschäftigung damit auch eben keine Annehmlichkeiten mit sich, wie sie dies doch Jedem, der sich ihr mit Lust und Liebe hingibt, unzweifelhaft thun muss. Denn der menschliche Geist hat ein Streben nach Wahrheit, er gefällt sich im Lösen von Räthseln, und wo böten sich ihm mehr, bald leichter, bald schwerer zu lösende, als eben hier. Wie aber ein Räthsel, eine Aufgabe, deren Lösung wir nach längerem Sinnen nicht finden können, den Geist unlustig macht und entmuthigt, so ist dies auch bei jeder chemischen Untersuchung der Fall, wenn man dabei seinen Zweck nicht erreicht hat, wenn die Resultate nicht den Stempel der Wahrheit, der unumstösslichen Gewissheit tragen. Es muss daher ein Halbwissen, wie überall, so ganz besonders hier, für schlimmer als ein Nichtwissen erachtet und *vor oberflächlicher* Beschäftigung mit der chemischen Analyse ganz vorzüglich gewarnt werden.

Eine qualitative Untersuchung kann man in zweifacher Absicht anstellen, entweder nämlich zum Beweise, dass irgend ein bestimmter Körper in einer Substanz vorhanden oder nicht vorhanden sei, z. B. Kalk in Brunnenwasser; oder zweitens zur Nachweisung *aller* Bestandtheile einer chemischen Verbindung oder eines Gemenges. — Gegenstand einer chemischen Analyse aber kann, wie natürlich, jeder Körper sein.

Das Studium der qualitativen Analyse beruht nun hauptsächlich auf vier Punkten, nämlich erstens auf der Bekanntschaft mit den *Operationen*, zweitens auf dem Kennen der *Reagentien und ihrer Anwendung*, drittens auf der Kenntniss des *Verhaltens der Körper zu den Reagentien*, und viertens auf dem Verstehen des bei jeder Untersuchung einzuschlagenden *systematischen Ganges*.

Da sich hieraus ergibt, dass die chemische Analyse nicht nur ein *Wissen*, sondern auch ein *Können* erfordert, so liegt der Schluss nahe, dass weder eine bloss geistige Beschäftigung damit, noch ein rein empirisches Betreiben derselben zum Ziele führen kann, und dass dahin nur die vereinten Wege der Theorie und der Praxis gelangen lassen.

Photographie.

Von Johann Müller.

Das zuerst von *Talbot* in Anwendung gebrachte Verfahren, welches man vorzugsweise mit dem Namen der *Photographie* bezeichnet, zerfällt in zwei Theile: 1) die Herstellung eines *negativen Bildes*, d. h. eines solchen, bei welchem die hellen Partien des Gegenstandes dunkel erscheinen und umgekehrt. Von diesem negativen Bilde wird dann 2) eine *positive Copie* gemacht, in welcher die Licht- und Schattenverhältnisse denen des Gegenstandes entsprechen.

Das negative Bild, welches ursprünglich auf Papier gemacht wurde, wird gegenwärtig fast allgemein auf Glas dargestellt, und zwar auf folgende Weise: die Glasplatte wird mit *Collodium* übergossen, welchem eine bestimmte Quantität Alkohol zugesetzt und in welchem etwas Jodkalium aufgelöst ist. Nachdem die Collodiumschicht gleichförmig über die Platte ausgebreitet ist, lässt man das Ueberflüssige ablaufen und taucht dann die Platte in ein sogenanntes Silberbad, d. h. in eine wässerige Lösung von salpetersaurem Silber.

Das salpetersaure Silber durchdringt nun die Collodiumschicht, und mit Jodkalium in Berührung kommend, bildet sich Jodsilber, welches nebst einem Ueberschuss von salpetersaurem Silber durch die ganze Collodiumschicht gleichförmig vertheilt ist und welches eigentlich die empfindliche Schicht bildet.

Es versteht sich von selbst, dass diese Operation in einem dunklen, nur von einer Kerze erleuchteten Zimmer vorgenommen werden muss, weil unter dem Einfluss des Tageslichtes das neu gebildete Jodsilber sogleich geschwärzt werden würde.

Die so präparirte Platte wird nun in die Camera obscura gesetzt, aber schon nach kurzer Zeit herausgenommen, ehe noch durch das Licht direct eine Reduction des Jodsilbers bewirkt worden, ehe also noch das negative Bild sichtbar geworden ist. An den Stellen, wo das Licht eingewirkt hat, ist aber nun das Jodsilber leichter reducirbar, als an solchen Stellen, wo das Licht nicht einwirkte, so dass, wenn man nun auf die aus der Camera obscura herausgenommene Platte eine reducirende Flüssigkeit giesst, wozu man gewöhnlich *Pyrogallus-Säure* wählt, an den dem Lichte ausgesetzt gewesenen Stellen rasch eine Reduction des Silbers, also eine Schwärzung erfolgt, während an den nicht vom Lichte getroffenen Stellen die empfindliche Schicht unverändert bleibt.

Ist auf diese Weise das negative Bild hervorgerufen, so müssen die empfindlichen Substanzen aus der Collodiumschicht entfernt werden, weil sonst nach kurzer Zeit unter Einwirkung des Tageslichtes die ganze Collodiumschicht schwarz werden würde. Es geschieht dies dadurch, dass man die Platte mit einer Lösung von unterschwefligsaurem Natron übergiesst und dann mit Wasser abwäscht, wodurch, wie man sagt, das Bild *fixirt* wird.

Zur Darstellung der *positiven* Bilder wendet man ein mit Chlorsilber imprägnirtes Papier an, welches in folgender Weise präparirt wird: Ein Blatt Papier wird mit der einen Seite auf eine Kochsalzlösung gelegt und, nachdem es ganz durchfeuchtet ist, zwischen Fliesspapier etwas getrocknet; alsdann wird das Papierblatt (im dunklen Zimmer) mit derselben Seite, welche auf der Kochsalzlösung gelegen hatte, auf eine Lösung von salpetersaurem Silberoxyd gelegt; es bildet sich nun *Chlorsilber*, welches die leichtempfindliche Substanz des photographischen Papieres ist.

Auf dem Chlorsilberpapier wird nun das *positive Bild* auf folgende Weise erzeugt.

Das negative Glasbild wird in einen vorn mit einer Glasplatte versehenen Rahmen (den *Copirrahmen*) gelegt, darauf das Chlorsilberpapier (mit seiner präparirten Seite) und hinter dieses dann ein schwarzes Tuch, und nachdem Alles durch eine von hinten her angepresste Rückwand gehörig gegen Verschiebung gesichert ist, wird der Copirrahmen so den Sonnenstrahlen ausgesetzt, dass dieselben durch die hellen Stellen des negativen Bildes hindurch auf das Chlorsilberpapier fallen und hier eine Schwärzung hervorbringen. Ist auf diese Weise das positive Bild auf dem Papier hergestellt, so muss, um das vollständige Schwarzwerden desselben zu verhindern, das noch unzersetzte Chlorsilber aus dem Papiere ausgewaschen werden, was dadurch geschieht, dass man das Bild eine Zeitlang in eine Auflösung von unterschwefligsaurem Natron und dann in reines Wasser legt, wodurch dann nun auch das positive Bild fixirt ist.

Vulkanische Eruptionen.

Von Hermann Credner.

Die normale Thätigkeit der Stratovulkane besteht in dem Auf- und Absteigen, in der wallenden Bewegung der gluthflüssigen Lava innerhalb des Kraterschlundes, in dem ruhigen, zum Theil continuirlichen Ausfliessen der Lava mancher Vulkane, in dem

Ausströmen von Gasen und Dämpfen aus Spalten des Vulkanes oder aus dem mit flüssiger Lava gefüllten Canale, und in letzterem Falle aus Schlackenauswürfen. Steigert sich die normale Thätigkeit der Vulkane zu einem ungewöhnlichen Grade, ist namentlich die Gas- und Dampfentwicklung im Kratercanale eine besonders energische, so tritt der Vulkan in den Zustand der *Eruption.* Dann werden aus den von den emporsteigenden Dampfblasen in die Höhe geworfenen Auswürflingen den Himmel verdunkelnde Aschen- und Sandregen, die sonst ruhig über den Kraterrand rieselnde Lava bricht sich jetzt in verheerenden Strömen Bahn. Besonders furchtbar sind die Eruptionserscheinungen bei Vulkanen, deren Canal in Folge langer Ruhepausen von erkaltender Lava verstopft ist. Dann müssen sich Lava und Dämpfe neue Bahnen aufreissen und gelangen zugleich auf ihrem Wege zur Oberfläche in Regionen, welche das *Wasser* als Schauplatz seiner Thätigkeit in Anspruch genommen hat, wo es in tausend Adern und Hohlräumen circulirt, alle Gesteinsporen erfüllt und mit grösseren Ansammlungen in unteridischen Spalten und Höhlen und durch diese augenscheinlich mit den benachbarten Meeren in Communication steht. Bei der Berührung mit der gluthflüssigen Gesteinsmasse wird das Wasser plötzlich in Dampf umgesetzt, Explosion erfolgt auf Explosion, die Lava wird in Atome zerstäubt, zischend dringt der Dampf aus dem Krater oder neu aufgerissenen Spalten und Wolken von vulkanischen Aschen und Sanden werden hoch in die Luft geschleudert. Unter dem Ringkampfe erzittert die Gegend, rollender Donner dringt aus den unterirdischen Regionen empor. Endlich ist der Widerstand des Wassers überwunden, in Dampfform ist es entwichen und das benachbarte Erdreich vollständig ausgetrocknet: da öffnet sich eine Spalte an der Seite des Vulkanes, im Dunkel der Nacht hellleuchtend bricht die flüssige Lava hervor und stürzt sich, zuweilen mit der Schnelligkeit eines Sturmwindes die Bergabhänge hinab, in die Gefilde und nach den Wohnstätten der Menschen!

Als treibende Kraft bei diesen Aeusserungen der Thätigkeit der Strato-Vulkane ist demnach der Wasserdampf, und als eigentliche Bedingung der Furchtbarkeit der Eruptionserscheinungen eines Vulkanes eine aussergewöhnlich starke Dampfentwicklung zu betrachten.

Anfänglich schwache, immer heftiger werdende Erbebungen des Bodens, dumpfes unterirdisches Rollen und Donnern, das Austrocknen der benachbarten Brunnen, das Versiegen der Quellen, das Schmelzen des Schnees, welcher manche Vulkanengipfel bedeckt, sie sind die Vorläufer einer Eruption, deren Schrecken sie den Bewohnern der Umgegend ankündigen. Das Zittern der Erde steigert sich zum heftigen Schwanken, das Rollen wird zum furchtbaren Gebrüll und Getöse, krachend zerberstet der Kraterboden, Bruchstücke des letzteren und der Wandungen des Eruptionskanales, sowie glühende Lavabrocken werden umher geschleudert, blitzschnell erhebt sich eine schwarze Rauchsäule gen Himmel, die sich an ihrem oberen Ende ausbreitet und im Dunkel der Nacht die Gluth der Lavamassen im Grunde des Kraters wiederspiegelt, so dass sie wie eine Feuersäule erscheint. Diese Pinie besteht aus Gasen, Wasserdampf und feinen Theilchen vulkanischen Staubes und verdankt ihren Ursprung den mit enormer Gewalt sich empordrängenden und die Lava emporpressenden Gasen und Dämpfen.

Das vulkanische Getöse, die Erdbeben, die Aschenregen und Bombenauswürfe erreichen ihren Höhepunkt kurz vor dem Augenblicke, in welchem entweder aus dem Krater selbst, oder aus Spalten, welche sich am Abhange des Vulkanes bilden, die *Lava* hervorbricht, um als *Lavastrom* den Berg hinab in die Umgebung zu fliessen und dort nicht selten weit ausgedehnte Lavafelder zu bilden. Aus grösseren Vulkanen erfolgen die Lavaeruptionen höchst selten oder nie aus dem eigentlichen Gipfelkrater, sondern meist aus seitlichen Spalten, obwohl ersterer nicht ruhig bleibt, vielmehr Dampf- und Gasmassen, sowie Aschen, Sanden und Bomben zum Auswege dient. Den Gesetzen der Schwere folgend, fliesst die Lava die Bergabhänge

hinab, breitet sich auf flachen Ebenen seeartig aus, füllt alle
Vertiefungen, die sie auf ihrer Bahn antrifft, aus, staut sich an
ihr den Weg versperrenden Hindernissen auf, stürzt sich ähnlich
wie ein Wasserfall über diese hinweg, theilt sich in mehrere
Arme, welche die Hindernisse umfliessen und sich dann wieder
vereinigen können. Die Geschwindigkeit, mit welcher sich ein
solcher Strom bewegt, ist von dem Flüssigkeitsgrade der Lava,
von der Menge der nachdrängenden Lavamasse und von der
Neigung und Beschaffenheit des Untergrundes abhängig. Manche
besonders dünnflüssige Ströme schossen steile Abhänge mit der
Schnelligkeit des Windes hinab, bei anderen ist deren Beweg-
ung kaum merklich und beträgt nur wenige Fuss innerhalb einer
Stunde.

Ursprung der Ackererde.

Von Justus von Liebig.

Die härtesten Stein- und Gebirgsarten verlieren nach und
nach durch den Einfluss gewisser Thätigkeiten ihren Zusammen-
hang, es sind die Trümmer und Ueberreste der Gebirge, welche
diese Veränderung erlitten haben, aus denen die Ackererde
besteht.

Die Aufhebung des Zusammenhangs der Fels- und Gebirgsarten
wird bedingt theils durch mechanische, theils durch chemische
Ursachen. Ueberall, wo die Gebirge das ganze Jahr oder einen
Theil des Jahrs mit Schnee bedeckt sind, beobachtet man, dass
auch die härtesten Felsen in kleine Trümmer zerklüften, welche
durch die Bewegung der Gletscher abgerundet oder in Staub
zermalmt werden. Die Bäche und Ströme, welche aus diesen
Gletschern entspringen, sind durch die beigemischten Gebirgs-
theile unklar und trübe, den Thälern und Ebenen zugeführt,
setzen sie sich als fruchtbare Erde daraus ab.

Zu diesen mechanischen Ursachen der Aufhebung des Zusammenhangs der Gebirgsarten fügen sich die chemischen Actionen hinzu, welche der Sauerstoff, die Kohlensäure der Luft, sowie das Wasser auf Bestandtheile derselben ausüben.

Die letzteren sind die eigentlichen Ursachen der *Verwitterung;* ihre Thätigkeit ist nicht begrenzt durch die Zeit, sie äussert sich in jeder Zeitsecunde und muss selbst dann noch als vorhanden angesehen werden, wenn der hervorgebrachte Effect während der Dauer eines Menschenlebens nicht wahrnehmbar ist.

Es dauert Jahre lang, ehe ein dem Einflusse der Witterung ausgesetztes Stück polirten Granits seinen Glanz verliert, allein in einer unendlich langen Zeit zerfällt das grosse Stück durch die auf seine Bestandtheile wirkenden chemischen Thätigkeiten in immer kleinere Trümmer.

Die Wirkung des Wassers ist stets begleitet von der des Sauerstoffs und der Kohlensäure, sie lassen sich kaum getrennt von einander in Betrachtung ziehen.

Die meisten Gebirgsarten, der Feldspath, der Basalt, der Thonschiefer, Porphyr, zahlreiche Glieder der Kalkformation sind Gemenge von Silicaten; sie bestehen aus mannigfaltigen Verbindungen von Kieselerde mit Thonerde, Kalk, Kali, Natron, Eisen und Manganoxydul.

Um eine klare Vorstellung über den Einfluss des Wassers und der Kohlensäure auf die Gebirgsarten zu erlangen, ist es nothwendig, sich an die Eigenschaften der Kieselerde und ihrer Verbindungen mit alkalischen Basen zu erinnern.

Der Quarz oder Bergkrystall stellt Kieselerde in hohem Grade der Reinheit dar; in diesem Zustande ist sie nicht löslich, weder im kalten noch warmen Wasser, völlig geschmacklos, ohne alle Reaction auf Pflanzenfarben; ihre Haupteigenschaft besteht nun darin, dass sie mit Alkalien und allen basischen Metalloxyden salzartige Verbindungen eingeht, die man Silicate nennt.

Die Kieselsäure ist die schwächste unter allen Säuren, die löslichen Silicate werden schon durch Kohlensäure vollkommen zersetzt.

Alle Fels- und Gebirgsarten, welche Silicate von alkalischen Basen enthalten, können auf die Dauer hin der auflösenden Kraft des kohlensäurehaltigen Wassers nicht widerstehen. Die Alkalien, Kalk, Bittererde werden entweder allein, oder die ersteren in Verbindung mit Kieselsäure aufgelöst, während Thonerde gemengt oder in Verbindung mit Kieselsäure zurückbleibt.

Es bedarf wohl keiner weiteren Auseinandersetzung, dass alle Thonarten für sich oder gemengt mit anderen Mineralien, der Thon der Ackererde, unausgesetzt die nämliche fortschreitende Veränderung erleiden, welche darin besteht, dass durch den Einfluss des Wassers und der Kohlensäure die darin enthaltenen Alkalien und alkalischen Basen löslichen Zustand annehmen; es entstehen kieselsaure, oder wenn diese durch die Einwirkung der Kohlensäure zerlegt werden, kohlensaure Alkalien und Kieselsäurehydrat, letzteres in dem eigenthümlichen Zustande, wo es löslich im Wasser und verbreitbar im Boden wird.

Ursprung und Verhalten des Humus.

Von Justus von Liebig.

Alle Pflanzen und Pflanzentheile erleiden mit dem Aufhören des Lebens zwei Zersetzungsprocesse, von denen man den einen *Gährung* oder *Fäulniss*, den anderen *Verwesung* nennt.

Die Verwesung ist ein langsamer Verbrennungsprocess; die verbrennlichen Bestandtheile des verwesenden Körpers verbinden sich mit dem Sauerstoffe der Luft.

Die Verwesung des Hauptbestandtheiles aller Vegetabilien, der Holzfaser, zeigt eine Erscheinung eigenthümlicher Art.

Mit Sauerstoff in Berührung, mit Luft umgeben, verwandelt sie nämlich den Sauerstoff in ein ihm gleiches Volumen kohlensaures Gas; mit dem Verschwinden des Sauerstoffs hört die Verwesung auf.

Wird dieses kohlensaure Gas hinweggenommen und durch Sauerstoff ersetzt, so fängt die Verwesung von Neuem an, d. h. der Sauerstoff wird wieder in Kohlensäure verwandelt.

Die Holzfaser besteht nun aus Kohlenstoff und den Elementen des Wassers; von allem Anderen abgesehen, geht ihre Verwesung vor sich, wie wenn man reine Kohle bei sehr hoher Temperaturen verbrennt, gerade so, als ob kein Wasserstoff und Sauerstoff mit ihr in der Holzfaser verbunden wäre.

Die Vollendung dieses Verbrennungsprocesses erfordert eine sehr lange Zeit; eine unerlässliche Bedingung zu seiner Unterhaltung ist die Gegenwart von Wasser; Alkalien befördern ihn, alle antiseptischen Materien, schweflige Säure, Quecksilbersalze und brenzliche Oele heben ihn gänzlich auf.

Die in Verwesung begriffene Holzfaser ist der Körper, den wir *Humus* nennen.

In demselben Grade, als die Verwesung der Holzfaser vorangeschritten ist, vermindert sich ihre Fähigkeit zu verwesen, d. h. das umgebende Sauerstoffgas in Kohlensäure zu verwandeln; zuletzt bleibt eine gewisse Menge einer braunen oder kohlenartigen Substanz zurück, die man *Moder* nennt; sie ist eines der Producte der Verwesung der Holzfaser. Der Moder macht den Hauptbestandtheil aller Braunkohlenlager und des Torfes aus. Bei Berührung mit Alkalien, Kalk, Ammoniak fährt die Verwesung des Moders fort.

In einem Boden, welcher der Luft zugänglich ist, verhält sich der Humus genau wie an der Luft selbst; er ist eine langsame, äusserst andauernde Quelle von Kohlensäure.

Um jedes kleinste Theilchen des verwesenden Humus entsteht, auf Kosten des Sauerstoffs der Luft, eine Atmosphäre von Kohlensäure.

In der Cultur wird, durch Bearbeitung auf Auflockerung der Erde, der Luft ein möglichst ungehinderter und freier Zutritt verschafft und so die Kohlensäurebildung aus dem Humus ausserordentlich begünstigt.

Es unterliegt zwar keinem Zweifel, dass die Pflanzen zu ihrer

Entfaltung und ihrem Wachsthume nicht der Kohlensäure des Bodens bedürfen. Bevor die Blätter (die grünen Pflanzentheile) entwickelt sind, können die Pflanzen den Kohlenstoff der Kohlensäure nicht assimiliren; aus den Reservestoffen des Samens und der überdauernden Pflanzentheile bilden sich aber die ersten pflanzlichen Aufnahmsorgane : die ersten Wurzeln und Blätter (beblätterte Stengel); sind Blätter einmal vorhanden, so genügt für die wachsende Pflanze die Kohlensäure der Luft vollkommen.

Steht es nun auch fest : eine Massenentwickelung der Pflanzen kann stattfinden, ohne dass den Wurzeln Kohlensäure oder eine kohlenstoffhaltige Materie dargeboten zu sein braucht, so ist doch ein Kohlensäuregehalt des Bodens, eine Aufnahme der Kohlensäure auch durch die Wurzeln nicht zu unterschätzen.

Der Humus ernährt die Pflanze nicht dadurch, dass er im löslichen Zustande von derselben aufgenommen und als solcher assimilirt wird, sondern weil er eine langsame und andauernde Quelle von Kohlensäure darstellt, welche als das Lösungsmittel gewisser für die Pflanze unentbehrlicher Bodenbestandtheile und auch als Nahrungsmittel die Wurzeln der Pflanze, so lange sich im Boden die Bedingungen zur Verwesung (Feuchtigkeit und Zutritt der Luft) vereinigt finden, in vielfacher Weise mit Nahrung versieht.

Von der in den Poren der Ackerkrume enthaltenen Kohlensäure tritt unausgesetzt ein Theil an die äussere Luft durch Diffusion, und man versteht, dass Pflanzen, die mit ihren Blättern den Boden wie mit einer dichten Decke beschatten und dadurch den Wechsel der kohlensäurereicheren Luftschicht unterhalb verlangsamen, in einer gegebenen Zeit mehr Kohlensäure vorfinden und durch ihre Blätter aufzunehmen vermögen, als solche, die für ihren Bedarf ausschliesslich auf die atmosphärische Luft angewiesen sind.

Der Humus enthält zuletzt, als der Rückstand verwesender Pflanzenstoffe, allen Stickstoff dieser Vegetabilien und stellt in Folge fortschreitender Zersetzung eine im Boden stets gegenwärtige Stickstoffquelle dar.

Der Kreislauf des Stoffes in der Natur.

Von Justus von Liebig.

DIE genauesten Untersuchungen der thierischen Körper haben dargethan, dass das Blut, die Knochen, die Haare u. s. w., sowie alle Organe, eine gewisse Anzahl von Mineralsubstanzen enthalten, mit deren Ausschlusse in der Nahrung ihre Bildung nicht stattfindet.

Das Blut enthält Alkalien in Verbindung mit Phosphorsäure, die Galle ist reich an Alkalien und Schwefel, die Substanz der Muskeln enthält eine gewisse Menge Schwefel, das Blutroth enthält Eisen, der Hauptbestandtheil der Knochen ist phosphorsaurer Kalk, die Nerven- und Gehirnsubstanz, das Fleisch, enthalten Phosphorsäure und phosphorsaure Alkalien, der Magensaft enthält Salzsäure.

Die Menschen und Thiere empfangen ihr Blut und die Bestandtheile ihrer Leiber von der Pflanzenwelt, und eine unergründliche Weisheit hat die Einrichtung getroffen, dass das Leben und Gedeihen der Pflanze aufs engste geknüpft ist an die Aufnahme der nämlichen Mineralsubstanzen, welche für die Entwickelung des thierischen Organismus unentbehrlich sind; ohne diese anorganischen Stoffe, die wir als Bestandtheile ihrer Asche kennen, kann die Bildung des Keims, des Blatts, der Blüthe und Frucht nicht gedacht werden.

Ein jeder Theil und Bestandtheil des Körpers stammt von den Pflanzen ab. Durch den Organismus der Pflanzen werden die Verbindungen gebildet, welche zur Blutbildung dienen, es kann keinem Zweifel unterliegen, dass in den zur Ernährung dienenden Theilen der Pflanzen nicht bloss ein oder zwei, sondern alle Bestandtheile des Blutes zugegen sein müssen.

Die Fähigkeit eines Pflanzentheils, das Leben eines Thieres zu erhalten, seine Blut- und Fleischmasse zu vermehren, steht in geradem Verhältnisse zu seinem Gehalte an den organischen

Blutbestandtheilen und der zu ihrem Uebergange in Blut nothwendigen Menge an Alkalien, phosphorsauren Salzen und Chlormetallen (Kochsalz und Chlorkalium).

Jedermann weiss, dass in dem begrenzten, wiewohl ungeheuren Raume des Meeres ganze Welten von Pflanzen und Thieren aufeinander folgen; dass eine Generation dieser Thiere alle ihre Elemente von den Pflanzen erhält, dass die Bestandtheile ihrer Organe nach dem Tode des Thieres die ursprüngliche Form wieder annehmen, in welcher sie einer neuen Generation von Thieren zur Nahrung dienen.

Der Sauerstoff, den die Seethiere in ihrem Athmungsprocesse der daran so reichen, im Wasser gelösten Luft (sie enthält 32 bis 33 Volumprocent, die atmosphärische nur 21 Procent Sauerstoff) entziehen, er wird in dem Lebensprocesse der Seepflanzen dem Wasser wieder ersetzt; er tritt an die Producte der Fäulniss der gestorbenen Thierleiber, verwandelt ihren Kohlenstoff in Kohlensäure, ihren Wasserstoff in Wasser, während ihr Stickstoff die Form von Ammoniak wieder annimmt.

Wir beobachten, dass im Meere, ohne Hinzutritt oder Hinwegnahme eines Elementes, ein ewiger Kreislauf stattfindet, der nicht in seiner Dauer, wohl aber in seinem Umfange begrenzt ist durch die in dem begrenzten Raume in endlicher Menge enthaltene Nahrung der Pflanze.

Wir wissen, dass bei den Seegewächsen von einer Zufuhr von Nahrung, von Humus durch die Wurzel nicht die Rede sein kann; sie leben in einem Medium, das allen ihren Theilen die ihnen nöthige Nahrung zuführt; das Meerwasser enthält ja nicht allein Kohlensäure und Ammoniak, sondern auch die phosphorsauren und kohlensauren Alkalien und Erdsalze, welcher die Seepflanze zu ihrer Entwickelung bedarf, die wir als nie fehlende Bestandtheile in ihrer Asche finden.

Alle Erfahrungen geben zu erkennen, dass die Bedingungen, welche das Dasein und die Fortdauer der Seepflanzen sichern, die nämlichen sind, welche das Leben der Landpflanzen vermitteln.

Die Landpflanze lebt aber nicht, wie die Seepflanze, in einem Medium, was alle ihre Elemente enthält und jeden Theil ihrer Organe umgiebt, sondern sie ist auf zwei Medien angewiesen, von denen das eine, der Boden, die Bestandtheile enthält, die in dem anderen, der Atmosphäre, fehlen.

Auch an der Oberfläche der Erde hat man ja den nämlichen Kreislauf beobachtet, einen unaufhörlichen Wechsel, eine ewige Störung und Wiederherstellung des Gleichgewichts. Die Erfahrungen in der Agricultur geben zu erkennen, dass die Zunahme von Pflanzenstoff auf einer gegebenen Oberfläche wächst mit der Zufuhr von gewissen Stoffen, welche ursprünglich Bestandtheile der nämlichen Bodenoberfläche waren, die von der Pflanze daraus aufgenommen wurden; die Excremente der Menschen und Thiere stammen ja von den Pflanzen, es sind ja gerade die Materien, welche in dem Lebensprocesse des Thieres oder nach seinem Tode die Form wieder erhalten, die sie als Bodenbestandtheile besassen.

Jedermann weiss, dass ein Mensch oder Thier, dem man die Speise entzieht, abmagert, dass das Gewicht seines Körpers von Tage zu Tage abnimmt. Diese Abmagerung wird nach wenigen Tagen schon dem Auge sichtbar, und bei Personen, welche den Hungertod sterben, verschwindet das Fett, die Substanz der Muskeln, der Körper wird blutleer, und es bleiben zuletzt nur Häute und Knochen übrig.

Bei einer hinreichenden Zufuhr von Nahrung ändert sich hingegen das Gewicht des Körpers nicht; von vierundzwanzig Stunden zu vierundzwanzig Stunden beobachtet man bei dem gesunden erwachsenen Menschen weder eine bemerkliche Zu- noch Abnahme an seinem Gewichte.

Diese Erscheinungen geben mit Bestimmtheit zu erkennen, dass in jedem Lebensmomente eines Thieres eine Veränderung in seinem Organismus vor sich geht, ein Theil der lebendigen Körpersubstanz tritt mehr oder weniger verändert aus dem Körper aus; das Gewicht des Körpers nimmt unaufhörlich ab, wenn die ausgetretenen oder veränderten Körpertheile nicht wieder hergestellt und ersetzt werden.

Dieser Ersatz, die Wiederherstellung des ursprünglichen Gewichtes, geschieht durch die Speisen.

Jeden Tag verzehrt ein Mensch, ein Thier eine gewisse Anzahl von Grammen oder Pfunden Brot, Fleisch oder andere Nahrungsstoffe, in einem Jahre ein Gewicht davon, welches vielmal das Gewicht seines Körpers übertrifft; er verzehrt in der Speise eine gewisse Quantität Kohlenstoff, Wasserstoff, Stickstoff, Schwefel, sowie eine sehr beträchtliche Menge von Mineralsubstanzen, die wir als die Aschenbestandtheile der Nahrung kennen gelernt haben.

Wo sind, kann man fragen, alle diese Bestandtheile der Speisen hingekommen, zu welchem Zwecke haben sie gedient? in welcher Form sind sie aus dem Körper getreten? Wir haben Kohlenstoff und Stickstoff zugeführt, und das Gewicht des Körpers hat in seinem Kohlen- und Stickstoffgehalte nicht zugenommen, wir haben eine Menge Alkalien und phosphorsaure Salze in der Speise genossen, und der Gehalt unseres Körpers an diesen Stoffen ist nicht grösser geworden?

Diese Frage löst sich leicht, wenn man in Betracht zieht, dass die Speisen nicht die einzigen Bedingungen der Unterhaltung des Lebensprocesses in sich schliessen, dass es noch eine andere giebt, welche das Thier wesentlich von der Pflanze unterscheidet.

Das Thierleben ist nämlich abhängig von einer unaufhörlichen Aufsaugung von Sauerstoff, welcher in der Luft enthalten ist. Kein Thier kann ohne Luft, ohne Sauerstoff bestehen. In dem Athmungsprocesse wird in der Lunge eine gewisse Quantität Sauerstoff von dem Blute aufgenommen, die Luft, die wir einathmen, enthält diesen Sauerstoff, sie giebt ihn an die Bestandtheile des Blutes ab, mit jedem Athemzuge nimmt das Blut eines erwachsenen Menschen 20 bis 25 Cubikcentimeter Sauerstoff aus der Luft auf. In 24 Stunden nimmt ein erwachsener Mensch circa 900 Gramme Sauerstoff auf, in einem Jahre Hunderte von Pfunden; wo kommt, kann man wieder fragen, dieser Sauerstoff hin? Wir nehmen Pfunde von Speisen und Pfunde von Sauerstoff in uns auf, und dennoch nimmt das Gewicht unseres Körpers entweder gar nicht, oder in einem viel kleineren Verhältnisse zu, in manchen Individuen nimmt es fortwährend ab (im Greisenalter).

Diese Erscheinung ist, wie man leicht bemerkt, nur insofern erklärbar, als der Sauerstoff und die Bestandtheile der Speisen in dem Organismus eine gewisse Wirkung auf einander ausüben, in deren Folge beide wieder verschwinden. Dies ist nun in der That der Fall.

Durch Haut und Lunge athmen wir den Kohlenstoff und Wasserstoff der Speisen in der Form von Wasser und Kohlensäure aus, aller Stickstoff der Speise sammelt sich in der Harnblase an in der Form von Harnstoff, der durch das einfache Hinzutreten der Elemente des Wassers in kohlensaures Ammoniak übergeht. Genau so viel Kohlenstoff, Wasserstoff und Stickstoff, als wir in der Speise genossen haben, ist nach Wiederherstellung des ursprünglichen Körpergewichtes auch wieder ausgetreten. Nur in dem jugendlichen Körper und in dem Mästungsprocesse ist die Zunahme grösser, ein Theil der Bestandtheile der Speisen bleibt im Körper; im Greisenalter ist sie aber wieder kleiner, es tritt mehr aus als ein.

Den in der Nahrung enthaltenen Stickstoff bekommen wir also täglich in dem Harne in der Form von Harnstoff und Ammoniakverbindungen wieder; die Fäces enthalten unverbrannte Stoffe, welche, wie Holzfaser, Blattgrün, Wachs, in dem Organismus keine Veränderung erlitten haben, ihr Kohlenstoff, Wasserstoff und Stickstoffgehalt ist, verglichen mit dem der Nahrung, sehr klein, was von den Secretionen des Körpers diesen unverdaubaren Materien beigemischt ist, lässt sich mit dem Russe und dem Rauche der in einem Ofen unvollkommen verbrannten Speise vergleichen.

Die Untersuchung des Harns sowie die der Fäces hat ergeben, dass sich die Mineralbestandtheile der Speisen, die Alkalien, Salze und die Kieselsäure in beiden wieder vorfinden.

Der Harn enthält alle löslichen, die Fäces alle im Wasser nicht löslichen Mineralbestandtheile der genossenen Speise, in

der Art also, dass, wenn wir uns denken, wie es denn auch
in der That der Fall ist, die Speisen seien in dem Körper
ähnlich wie in einem Ofen zu Asche verbrannt worden, so
enthält der Harn die löslichen und die Fäces die unlöslichen
Salze dieser Asche.

Die Bewegungen der Pflanzen.

Von Julius Sachs.

[Professor der Botanik an der Universität zu Würzburg.]

DIE aus langen Internodien zusammengesetzten Stengel der
Schlingpflanzen haben die Fähigkeit, sich um aufrechte, hinreichend dünne Körper (Stützen) schraubenförmig emporzuwinden. Dieses Winden ist eine Folge des ungleichseitigen Wachsthums, der revolutiven Nutation.

Die ersten Internodien windender Stengel winden nicht, sie
wachsen aufrecht ohne Stütze; die folgenden Internodien desselben Sprosses winden; sie verlängern sich zunächst sehr beträchtlich, während die von ihnen getragenen Laubblätter nur
langsam heranwachsen. In Folge ihres eigenen Gewichts neigen
die jungen langen Internodien seitwärts über, und in dieser Lage
beginnt nun ihre revolutive Bewegung. Der überhängende Theil
ist nämlich gekrümmt und zeigt dabei eine Bewegung, durch
welche die Endknospe in einem Kreise oder einer Ellipse herumgeführt wird.

Die jüngsten Windungen eines um eine Stütze geschlungenen
Stengels liegen jener gewöhnlich nicht an; sie sind weit und
niedrig; die älteren Windungen dagegen liegen der Stütze dicht
an, sie sind enger und steigen steiler empor. Es zeigt dies, dass
das feste Anschmiegen der schlingenden Stengel um die Stütze
erst nachträglich erfolgt, indem die anfangs losen, weiteren
Windungen steiler werden und sich verengen.

Wird die Stütze, bald nachdem sich einige lockere Windungen um dieselbe gebildet haben, herausgezogen, so behält der Spross einige Zeit seine Schraubenform, dann aber streckt er sich gerade und beginnt seine kreisende Nutation von Neuem.

In dem Begriff Ranken können wir alle fadenförmigen, oder doch dünnen, schmalen und langen Pflanzentheile zusammenfassen, welche die Eigenschaft besitzen, durch Berührung mit festen dünnen Körpern (Stützen) während ihres Längenwachsthums zu Krümmungen veranlasst zu werden, vermöge deren sie die berührte Stütze umschlingen und so die Pflanze an dieselbe befestigen; die Ranken unterscheiden sich daher zunächst durch ihre Reizbarkeit für Druck (Berührung) von den schlingenden Internodien.

Organe der verschiedensten morphologischen Natur können diese physiologische Eigenschaft annehmen, zuweilen sind es metamorphosirte Zweige, in anderen Fällen ist der Blattstiel fähig als Ranke zu dienen; zuweilen ist das ganze Blatt durch eine dünne, fadenförmige Ranke ersetzt.

Die charakteristischen Eigenschaften der Ranken entwickeln sich, wenn sie aus dem Knospenzustand völlig herausgetreten, etwa drei Viertel ihrer definitiven Grösse erreicht haben; in diesem Zustande sind sie gerade ausgestreckt, der sie tragende Sprossgipfel macht meist revolutive Nutationen, die Ranke selbst zeigt die gleiche Erscheinung, indem sie sich ihrer ganzen Länge nach so krümmt, dass der Reihe nach die Oberseite, die rechte, die Unter- und Linksseite convex wird; Torsionen treten nicht ein. Während dieser kreisenden Nutation ist die Ranke im raschern Längenwachsthum begriffen und für Berührung reizbar; d. h. jede mehr oder minder starke Berührung auf der reizbaren Seite bewirkt eine concave Einkrümmung zunächst an der berührten Stelle, von wo aus sich die Krümmung nach oben und unten weiter verbreitet. War die Berührung eine vorübergehende, so streckt sich die Ranke später wieder gerade.

Die Bestimmung der Ranken besteht darin, dass sie während des reizbaren Zustandes, wo sie noch im Wachsen begriffen sind, vermöge ihrer kreisenden Nutation mit einer Stütze in Berührung kommen; geschieht dies mit einer reizbaren Seite, so erfolgt an der Berührungsstelle eine Einkrümmung, die Ranke legt sich um die Stütze, dadurch kommen immer neue reizbare Stellen mit der Letzteren in Berührung, und so schlingt sich das freie Ende der Ranke in mehr oder minder zahlreichen Windungen fest um die Stütze.

Die Gesammtheit der beobachteten Erscheinungen führt zu dem Resultat, dass durch den Druck der Stütze das Längenwachsthum der nicht berührten Seite gesteigert wird; diese drückt die berührte Seite hinüber, und bei der nun folgenden Krümmung wird die concave Seite zusammengedrückt, am Wachsthum verhindert oder geradezu verkürzt.

Viele im Wachsen begriffene Laubblätter und Blüthentheile, gleich den Ranken von bilateraler Structur, werden durch Schwankungen der Temperatur und der Lichtintensität zu Krümmungen gereizt, indem dadurch das Längenwachsthum bald der einen, bald der anderen Seite beschleunigt oder retardirt wird.

Von den Blüthentheilen sind es besonders die Blumenblätter deren Bewegungen die Aufmerksamkeit auf sich gezogen haben, während bei Staubfäden und Griffeln Bewegungen, welche in diese Kategorie gehören, noch nicht sicher bekannt sind. Die Bewegung besteht darin, dass sich die Blumenblätter oder Corollenzipfel zu gewissen Tageszeiten nach aussen, zu anderen nach innen krümmen, so also, dass die Blumen sich im gewöhnlichen Lauf der Natur täglich einmal öffnen und schliessen; ersteres geschieht gewöhnlich am Morgen, oder doch am Tage bei steigender Lichtintensität und Temperatur; doch kommt hin und wieder auch das entgegengesetzte Verhalten vor.

Diese Bewegungen werden dadurch hervorgerufen, dass jede Steigerung der Temperatur oder der Lichtintensität (innerhalb gewisser Grenzen) ein überwiegendes Wachsthum der Innenseite (Oberseite) des Organs bewirkt, während bei abnehmender Lichtintensität und Temperatur das Wachsthum der Aussenseite das der Innenseite überwiegt. Im ersten Falle findet daher eine Krümmung mit Convexität auf der Innenseite (Oeffnungsbewegung), im zweiten eine solche mit Convexität auf der Aussenseite (Schliessungsbewegung) statt. Dies natürlich nur in den Fällen, wo die Tagstellung der Organe die offene ist; wo das Gegentheil stattfindet, haben die meteorischen Einflüsse betreffs der Innen- und Aussenseite die entgegengesetzten Wirkungen.

Fragen wir endlich nach der biologischen Bedeutung dieser Erscheinungen für den Haushalt der betreffenden Pflanzen, so lässt sich einstweilen für die Bewegungen der Laubblätter eine solche mit Bestimmtheit nicht angeben; das Oeffnen und Schliessen der Blüthen dagegen steht offenbar im Zusammenhang mit dem Bestäubungsgeschäft, insofern die am Tage sich öffnenden Blüthen von fliegenden Insecten besucht werden, welche die Bestäubung vermitteln, während das Schliessen der Blumen am Abend und bei Einbruch kalten und feuchten Wetters auch am Tage, zum Schutz des Pollens in den Antheren beiträgt.

Die Spectralanalyse.

Von Bunsen und Kirchhoff.

[ROBERT WILHELM BUNSEN, geboren den 31. März 1811 in Göttingen, ward 1838 Professor der Chemie in Marburg, 1851 in Breslau, 1852 in Heidelberg. Höchst verdient um die *analytische Chemie*, mit KIRCHHOFF Entdecker der *Spectralanalyse* (1860).

GUSTAV ROBERT KIRCHHOFF, geboren 12. März 1824 zu Königsberg, ward 1854 Professor der Physik in Heidelberg, nahm 1874 einen Ruf nach Berlin an. Hat ausgezeichnete Untersuchungen über das *Sonnenspectrum* geliefert.]

Es ist bekannt, dass manche Substanzen die Eigenschaft haben, wenn sie in eine Flamme gebracht werden, in dem Spectrum derselben gewisse helle Linien hervortreten zu lassen.

Man kann auf diese Linien eine Methode der qualitativen Analyse gründen, welche das Gebiet der chemischen Reactionen erheblich erweitert und zur Lösung bisher unzugänglicher Probleme führt.

Für Denjenigen, welcher die einzelnen Spectren aus wiederholter Anschauung kennt, bedarf es einer genauen Messung der einzelnen Linien nicht; ihre Farbe, ihre gegenseitige Lage, ihre eigenthümliche Gestalt ünd Abschattirung, die Abstufungen ihres Glanzes sind Kennzeichen, welche selbst für den Ungeübten zur sichern Orientirung vollkommen hinreichen. Diese Kennzeichen sind den Unterscheidungsmerkmalen zu vergleichen, welche wir bei den als Reactionsmittel benutzten, ihrem äusseren Ansehen nach höchst verschiedenartigen Niederschlägen antreffen. Wie es als Charakter einer Fällung gilt, dass sie gelatinös, pulverförmig, käsig, körnig oder krystallinisch ist, so zeigen auch die Spectrallinien ihr eigenthümliches Verhalten, indem die einen an ihren Rändern scharf begrenzt, die andern entweder nur nach einer oder nach beiden Seiten entweder gleichartig oder ungleichartig verwaschen, oder indem die einen breiter, die anderen schmäler erscheinen. Und wie wir nur diejenigen Niederschläge, welche bei möglichst grosser Verdünnung der zu fällenden Substanz noch zum Vorschein kommen, als Erkennungsmittel verwenden, so benutzt man auch in der Spectralanalyse zu diesem Zwecke nur diejenigen Linien, welche zu ihrer Erzeugung die geringste Menge Substanz und eine nicht allzu hohe Temperatur erfordern.

Die Stellen, welche die farbigen Streifen im Spektrum einnehmen, bedingen eine chemische Eigenschaft, die so unwandelbarer und fundamentaler Natur ist, wie das Atomgewicht der Stoffe, und lassen sich daher mit einer fast astronomischen Genauigkeit bestimmen.

Die analytische Methode, welche auf die Beobachtung derartiger Linien sich stützt, gewährt besonders für solche Stoffe, die nur in verschwindend kleinen Mengen auftreten oder die in ihrem chemischen Verhalten einander zum Verwechseln nahe stehen, eine Reihe der schätzbarsten Auffindungsmittel und Unterscheidungsmerkmale, welche an Sicherheit Alles, was bisher auf chemischem Wege erreichbar war, bei Weitem übertreffen. Wir konnten uns daher der Ueberzeugung nicht verschliessen, dass diese Methode, welche die Grenze der chemischen Reactionen in so ungewöhnlicher Weise hinausgerückt hat, ganz besonders geeignet sein müsse zur Ausspürung noch unbekannt gebliebener Elemente, die zu spärlich verbreitet vorkommen oder anderen Stoffen gegenüber zu wenig charakterisirt sind, um durch unsere bisherigen unvollkommneren Mittel wahrnehmbar zu sein. Die Voraussicht hat sich gleich bei den ersten in dieser Richtung gethanen Schritten bewährt, indem es uns auf dem angedeuteten Wege gelungen ist, neben Kalium, Natrium und Lithium noch zwei andere neue Alkalimetalle aufzufinden, trotzdem dass die Salze dieser neuen Elemente dieselben Niederschläge wie die Kalisalze geben und ihr Vorkommen ein sehr spärliches ist. Für diese neuen Elemente schlagen wir die Namen *Caesium* und *Rubidium* vor.

Bietet einerseits die Spectralanalyse, wie wir im Vorstehenden gezeigt zu haben glauben, ein Mittel von bewunderungswürdiger Einfachheit dar, die kleinsten Spuren gewisser Elemente in irdischen Körpern zu entdecken, so eröffnet sie andererseits der chemischen Forschung ein bisher völlig verschlossenes Gebiet, das weit über die Grenzen der Erde, ja selbst unseres Sonnensystems, hinausreicht. Da es bei der in Rede stehenden analytischen Methode ausreicht, das glühende Gas, um dessen Analyse es sich handelt, zu *sehen*, so liegt der Gedanke nahe, dass dieselbe auch anwendbar sei auf die Atmosphäre der Sonne und die helleren Fixsterne. Sie bedarf aber hier einer Modification wegen des Lichtes, welches die Kerne dieser Weltkörper ausstrahlen. In seiner Abhandlung "Ueber das Verhältniss zwischen dem Emissionsvermögen und dem Absorptionsvermögen der Körper für Wärme und Licht" hat Einer von uns[*] durch theoretische Betrachtungen nachgewiesen, dass das Spectrum

---

[*] Kirchhoff.

eines glühenden Gases *umgekehrt* wird, d. h. dass die hellen Linien in dunkele sich verwandeln, wenn hinter dasselbe eine Lichtquelle von hinreichender Intensität gebracht wird, die an sich ein continuirliches Spectrum giebt. Es lässt sich hieraus schliessen, dass das Sonnenspectrum mit seinen dunkeln Linien nichts Anderes ist, als die Umkehrung des Spectrums, welches die Atmosphäre der Sonne für sich zeigen würde. Hiernach erfordert die chemische Analyse der Sonnenatmosphäre nur die Aufsuchung derjenigen Stoffe, die, in eine Flamme gebracht, helle Linien hervortreten lassen, die mit den dunkeln Linien des Sonnenspectrums coincidiren.

Die Entstehung des Planetensystems.

Von Hermann Helmholtz.

DIE Himmelskörper schweben und bewegen sich in dem unermesslichen Raume. Verglichen mit den ungeheuren Entfernungen, die zwischen ihnen liegen, sind sie alle, auch die grössten unter ihnen, nur wie Stäubchen von Materie zu betrachten. Auch die uns nächsten Fixsterne erscheinen selbst in den stärksten Vergrösserungen ohne sichtbaren Durchmesser, und wir können sicher sein, dass auch unsere Sonne, von den nächsten Fixsternen aus gesehen, nicht anders als ein untheilbarer lichter Punkt erscheint, da sich die Massen jener Sterne in den Fällen, wo es gelungen ist, sie zu bestimmen, als nicht sehr abweichend von der der Sonne ergeben haben. Trotz dieser ungeheuren Entfernungen aber besteht zwischen ihnen ein unsichtbares Band, welches sie aneinander fesselt und sie in gegenseitige Abhängigkeit bringt. Es ist dies die Gravitationskraft, mit der alle schweren Massen sich gegenseitig anziehen. Wir kennen diese Kraft aus unserer täglichen Erfahrung als Schwere, wenn sie zwischen einem irdischen Körper und der Masse unserer Erde wirksam wird. Die Kraft, welche einen Stein zu Boden fallen macht, ist keine andere als die, welche den Mond zwingt fortdauernd die Erde in ihrer Bahn um die Sonne zu begleiten, und keine andere als die, welche die Erde selbst verhindert in den weiten Raum hinaus zu fliehen und sich von der Sonne zu entfernen.

Dass die Planetenbahnen Ellipsen sind, hatte Kepler erkannt, und da die Form und Lage der Bahn von dem Gesetze, nach welchem die Grösse der anziehenden Kraft sich ändert, abhängt, so konnte Newton aus der Form der Planetenbahnen das bekannte Gesetz der Gravitationskraft, welche die Planeten zur Sonne zieht, ableiten, wonach diese Kraft bei wachsender Entfernung in dem Maasse abnimmt, wie das Quadrat der Entfernung wächst. Die irdische Schwere musste diesem Gesetze sich einfügen, und Newton hatte die bewundernswerthe Entsagung seine folgenschwere Entdeckung erst zu veröffentlichen, nachdem auch hierfür eine directe Bestätigung gelungen war, als sich nämlich aus den Beobachtungen nachweisen liess, dass die Kraft, welche den Mond gegen die Erde zieht, gerade in demjenigen Verhältniss zur Schwere eines irdischen Körpers steht, wie es das von ihm erkannte Gesetz forderte.

Im Laufe des 18. Jahrhunderts stiegen die Mittel der mathematischen Analyse und die Methoden der astronomischen Beobachtung so weit, dass alle die verwickelten Wechselwirkungen, welche zwischen allen Planeten und allen ihren Trabanten durch die gegenseitige Attraction jedes gegen jeden erzeugt werden, und welche die Astronomen als Störungen bezeichnen, — Störungen nämlich der einfachen elliptischen Bewegung um die Sonne, die jeder von ihnen machen würde, wenn die anderen nicht da wären, — dass alle diese Wechselwirkungen aus Newton's Gesetze theoretisch vorausbestimmt und mit den wirklichen Vorgängen am Himmel genau verglichen werden konnten. Aus Abweichungen zwischen der wirklichen und der berechneten Bewegung des Uranus von Bessel wurde die Vermuthung hergeleitet, dass ein weiterer Planet existire. Von Leverrier und Adams wurde der Ort dieses Planeten berechnet, und so der Neptun, der entfernteste der bis jetzt bekannten, gefunden.

Sie sehen, dass wir in der Gravitation eine aller schweren Materie gemeinsame Eigenschaft entdeckt haben, die sich nicht auf die Körper unseres Systemes beschränkt, sondern so weit hinaus in die Himmelsräume sich zu erkennen giebt, als unsere Beobachtungsmittel bisher vordringen konnten.

Aber nicht nur diese allgemeine Eigenschaft aller Masse kommt den entferntesten Himmelskörper wie den irdischen Körpern zu, sondern die Spectralanalyse hat uns gelehrt, dass eine grosse Anzahl wohlbekannter irdischer Elemente in den Atmosphären der Fixsterne und selbst der Nebelflecke wiederkehren.

Und Weiteres haben wir durch die Spectralanalyse über unsere Sonne erfahren, wodurch sie den uns bekannten Verhältnissen doch einigermaassen näher tritt, als es früher scheinen mochte. Sie wissen, dass sie ein ungeheurer Ball, im Durchmesser 112 Mal grösser als die Erde ist. Was wir als ihre Oberfläche erblicken, dürfen wir als eine Schicht glühenden Nebels betrachten, welche, nach den Erscheinungen der Sonnenflecke zu schliessen, eine Tiefe von annähernd 100 Meilen hat. Diese Nebelschicht, welche nach aussen hin fortdauernd Wärme verliert, und also jedenfalls kühler ist als die inneren Massen der Sonne, ist dennoch heisser als alle unsere irdischen Flammen, heisser selbst als die glühenden Kohlenspitzen der elektrischen Lampe, welche das Maximum der durch irdische Hilfsmittel zu erreichenden Temperatur geben.

Nach aussen von der undurchsichtigen Photosphäre erscheint rings um den Sonnenkörper eine Schicht durchsichtiger Gase, welche heiss genug sind, um im Spectrum helle farbige Linien zu zeigen und deshalb als Chromosphäre bezeichnet werden. Sie zeigen die hellen Linien des Wasserstoffs, des Natrium, Magnesium, Eisen. In diesen Gas- und Nebelschichten der Sonne finden ungeheure Stürme statt, an Ausdehnung und Geschwindigkeit denen unserer Erde in ähnlichem Maasse überlegen, wie die Grösse der Sonne der der Erde. Ströme glühenden Wasserstoffs werden in Form von riesigen Springbrunnen oder züngelnden Flammen mit darüber schwebenden Rauchwolken viele tausend Meilen hoch emporgeblasen.*

Andererseits findet man in der Regel auch einzelne dunklere Stellen, die sogenannten Sonnenflecken, auf der Oberfläche der Sonne, die schon von Galilei gesehen worden sind. Sie sind trichterförmig vertieft, die Wände des Trichters sind weniger dunkel als die tiefste Stelle, der Kern. Ihr Durchmesser beträgt oft viele tausend Meilen, so dass zwei oder drei Erden darin neben einander liegen könnten.

Man kann sie für Stellen halten, wo die kühler gewordenen Gase aus den äusseren Schichten der Sonnenatmosphäre herabsinken und vielleicht auch locale oberflächliche Abkühlungen der Sonnenmasse selbst hervorbringen.

Wir wollen jetzt übergehen zu der Frage: Ist der Weltraum wirklich ganz leer? Entsteht bei der Bewegung der Planeten nirgend Reibung?

Beide Fragen müssen wir jetzt nach den Fortschritten, welche die Naturkenntniss seit Laplace gemacht hat, mit Nein beantworten.

Der Weltraum ist nicht ganz leer. Erstens ist in ihm dasjenige Medium continuirlich verbreitet, (dessen Erschütterungen das Licht und die strahlende Wärme ausmachen,) und welches die Physik als den Lichtäther bezeichnet. Zweitens sind grosse und kleine Bruchstücke schwerer Masse von der Grösse riesiger Steine bis zu der von Staub noch jetzt, wenigstens in den Theilen des Raumes, welche unsere Erde durchläuft, überall verbreitet.

Was zunächst den Lichtäther betrifft, so ist die Existenz desselben nicht zweifelhaft zu nennen. Dass das Licht und die

---

* Bis zu 15 000 geogr. Meilen nach Herrn H. C. Vogel's Beobachtungen in Bothkamp. Die spectroskopische Verschiebung der Linien zeigte Geschwindigkeiten bis zu 4 oder 5 Meilen in der Secunde, nach Lockyer sogar bis zu 8 und 9 Meilen.

strahlende Wärme eine sich wellenförmig ausbreitende Bewegung sei, ist genügend bewiesen. Damit eine solche Bewegung sich durch die Welträume ausbreiten könne, muss etwas da sein, was sich bewegt.

Die Kraft, welche der Anziehung der Sonne auf alle Planeten und Kometen Widerstand leistet und dieselben verhindert sich der Sonne mehr und mehr zu nähern, ist die sogenannte Centrifugalkraft, das heisst das Bestreben, die ihnen einwohnende Bewegung geradlinig längs der Tangente ihrer Bahn fortzusetzen. So wie sich die Kraft ihrer Bewegung vermindert, geben sie der Anziehung der Sonne um ein Entsprechendes nach, und nähern sich dieser. Dauert der Widerstand fort, so werden sie fortfahren sich der Sonne zu nähern, bis sie in diese hineinstürzen. Auf diesem Wege befindet sich offenbar der Encke'sche Komet. Aber der Widerstand, dessen Vorhandensein im Weltraume hierdurch angezeigt wird, muss in demselben Sinne, wenn auch erheblich langsamer, auf die viel grösseren Körper der Planeten wirken und längst schon gewirkt haben.

Sehr viel deutlicher als durch den Reibungswiderstand verräth sich aber die Anwesenheit theils fein, theils grob vertheilter schwerer Masse im Weltraum durch die Erscheinungen der Sternschnuppen und der Meteorsteine. Wir wissen jetzt bestimmt, dass dies Körper sind, die im Weltraum herumschwärmten, ehe sie in den Bereich unserer irdischen Atmosphäre geriethen. In dem stärker widerstehenden Mittel, was diese darbietet, wurden sie demnächst in ihrer Bewegung verzögert und gleichzeitig durch die damit verbundene Reibung erhitzt. Viele von ihnen mögen noch wieder den Ausweg aus der irdischen Atmosphäre finden und mit veränderter und verzögerter Bewegung ihren Weg durch den Weltraum fortsetzen. Andere stürzen zur Erde, die grösseren als Meteorsteine, die kleineren werden durch die Hitze wahrscheinlich in Staub zersprengt und mögen als solcher unsichtbar herabfallen.

Viele Sternschnuppen sind regellos im Weltraum vertheilt; es sind dies wahrscheinlich solche, die schon Störungen durch die

Planeten erlitten haben. Daneben giebt es aber auch dichtere Schwärme, die in regelmässig elliptischen Bahnen einherziehen und den Weg der Erde an bestimmten Stellen schneiden, deshalb an besonderen Jahrestagen immer wieder auftauchen. So ist jedes Jahr ausgezeichnet der 10. August. Merkwürdig ist, dass auf den Bahnen dieser Schwärme gewisse Kometen laufen, und daher die Vermuthung entsteht, dass sich die Kometen allmälig in Meteorschwärme zersplittern.

Nach Kant und Laplace war unser System ursprünglich ein chaotischer Nebelball, in welchem anfangs, als er noch bis zur Bahn der äussersten Planeten reichte, viele Billionen Cubikmeilen kaum ein Gramm Masse enthalten konnten. Dieser Ball besass, als er sich von den Nebelballen der benachbarten Fixsterne getrennt hatte, eine langsame Rotationsbewegung. Er verdichtete sich unter dem Einfluss der gegenseitigen Anziehung seiner Theile und in dem Maasse, wie er sich verdichtete, musste die Rotationsbewegung zunehmen und ihn zu einer flachen Scheibe auseinander treiben. Von Zeit zu Zeit trennten sich die Massen am Umfang dieser Scheibe unter dem Einfluss der zunehmenden Centrifugalkraft, und was sich trennte, ballte sich wiederum in einen rotirenden Nebelball zusammen, der sich entweder einfach zu einem Planeten verdichtete, oder während dieser Verdichtung auch seinerseits noch wieder peripherische Massen abstiess, die zu Trabanten wurden, oder in einem Fall am Saturn als zusammenhängender Ring stehen blieben. In einem anderen Falle zerfiel die Masse, die sich vom Umfang des Hauptballes abschied, in viele von einander getrennte Theile und lieferte den Schwarm der kleinen Planeten zwischen Mars und Jupiter.

Unsere neueren Erfahrungen über die Natur der Sternschuppen lassen uns nun erkennen, dass dieser Process der Verdichtung lose zerstreuter Masse zu grösseren Körpern noch gar nicht vollendet ist, sondern, wenn auch in schwachen Resten, noch immer fortgeht.

Die Sternschnuppenfälle, als die jetzt vor sich gehenden Beispiele des Processes, der die Weltkörper gebildet hat, sind noch in anderer Beziehung wichtig. Sie entwickeln Licht und Wärme, und das leitet uns auf eine dritte Reihe von Ueberlegungen, die wieder zn demselben Ziele führt.

Alles Leben und alle Bewegung auf unserer Erde wird mit wenigen Ausnahmen unterhalten durch eine einzige Triebkraft, die der Sonnenstrahlen, welche uns Licht und Wärme bringen.

Aber woher kommt der Sonne diese Kraft? Sie strahlt intensiveres Licht aus, als mit irgend welchen irdischen Mitteln zu erzeugen ist.

Auf Erden sind die Verbrennungsprocesse die reichlichste Quelle von Wärme. Kann vielleicht die Sonnenwärme durch einen Verbrennungsprocess entstehen?

Die uns bekannten chemischen Kräfte sind in so hohem Grade unzureichend, auch bei den günstigsten Annahmen, eine solche Wärmeerzeugung zu erklären, wie sie in der Sonne stattfindet, dass wir diese Hypothese gänzlich fallen lassen müssen.

Wir müssen nach Kräften von viel mächtigeren Dimensionen suchen; und da finden wir nur noch die kosmischen Anziehungskräfte.

Wenn die Stoffmasse der Sonne einst in den kosmischen Räumen zerstreut war, sich dann verdichtet hat, das heisst unter dem Einfluss der himmlischen Schwere auf einander gefallen ist, wenn dann die entstandene Bewegung durch Reibung und Stoss vernichtet wurde, indem sie Wärme erzeugte, so mussten die durch solche Verdichtung entstandenen jungen Weltkörper einen Vorrath von Wärme mitbekommen von nicht bloss bedeutender, sondern zum Theil von colossaler Grösse.

Wir dürfen es wohl für sehr wahrscheinlich halten, dass die Sonne noch fortschreiten wird in ihrer Verdichtung, und wenn sie auch nur bis zur Dichtigkeit der Erde gelangt, — wahrscheinlich aber wird sie wegen des ungeheuren Druckes in ihrem Inneren viel dichter werden, — so würde dies neue Wärmemengen entwickeln, welche genügen würden für noch weitere 17 Millionen Jahre dieselbe Intensität des Sonnenscheins zu unterhalten, welche jetzt die Quelle alles irdischen Lebens ist.

VOCABULARY.

I. German-English.

ABBREVIATIONS: (B.) = *Botany;* (C.) = *Chemistry;* (M.) = *Mineralogy and Geology;* (P.) = *Physics;* adj. = *adjective;* m. = *masculine;* f. = *feminine;* n. = *neuter;* in comp. = *in composition;* v. a. = *verb active;* v. n. = *verb neuter.*

A.

Abänderungsflächen, pl. (M.), *secondary faces.*
Abart, f. (B. & M.), *variety.*
Abblättern, v. a. (M)., *to exfoliate.*
Abbrennen, n. (C.), *deflagration.*
Abdämpfen, v. a.
Abdampfen, v. n.
Abdünsten, v. a.
Abdunsten, v. n.
} (C. & P.), *to evaporate.*
Abfiltriren, v. a. (C.), *to filter off.*
Abflachung, f., *bevelment.*
Abgebissen, adj. (B.), *præmorse.*
Abgebogen, adj. (B.), *deflexed.*
Abgeblüht, adj. (B.), *deflorate.*
Abgeneigt, adj. (B.), *divergent.*
Abgeplattet, adj. (B.), *flattened, levelled, oblate.*
Abgesondert, adj. (B.), *segregate, parted;* (P.), *insulated, isolated.*
Abgestumpft, adj. (B. & M.), *truncate.*
Abgiessen, v. a. (C.), *to decant.*
Abguss, m. *cast.*
Abhärten, v. a. *to temper, to harden.*

Abirrung, f. (P.), *aberration, deviation.*
Abklären, v. a. (C.), *to clear, to clarify.*
Abkochung, f. (C.), *decoction.*
Abkömmling, m. (B.), *descendent, branch.*
Ablagerung, f. (M.), *deposit.*
Ableiter, m. (P.), *conductor;* **Blitz-,** m. *lightning-rod.*
Ablenkung, f. (P.), *deviation.*
Abnehmen, v. n. *to diminish, to decrease.*
Abneigen, v. a. (B.), *to diverge.*
Abprallung, f. (P.), *rebounding, reflection.*
Abriss, m. *sketch, plan.*
Absatz, m. (C.), *deposit.*
Abschäumen, v. a. (C.), *to despumate, to skim.*
Abschnitt, m. *segment; section; arc.*
Abschnürung, f. (B.), *constriction.*
Abstand, m. *distance.*
Absteigend, adj. (B.), *descendent.*
Abstrebkraft, f. (P.), *centrifugal power; repulsive force.*

Absüssen, v. a. (C.), *to sweeten; to purify.*
Abtheilung, f. *division, section.*
Abwägen, v. a. (C.), *to weigh off;* **gegen einander —,** (P.), *to counterbalance.*
Abwechselnd, adj. (B.), *alternate.*
Abweichen, v. n. (P.), *to deviate.*
Abwickelung, f. *evolution.*
Abziehen, v. a. (C.), *to draw off.*
Achat, m. (M.), *agate.*
Achse, f. *axis;* **Haupt-,** f. (M.), *dominant axis;* **Seiten-,** f. *lateral axis.*
Achselständig, adj. (B.), *axillary.*
Achtmännig, adj. (B.), *octandrous.*
Achtweibig, adj. (B.), *octugynous.*
Acker, m. *field;* **-bau,** m. *agriculture;* **-erde,** f. *arable soil.*
Ader, f. (B.), *vein;* (M.), *vein, lode;* **-rippig,** adj. (B.), *nerved.*
Adhäriren, v. n. (P.), *to adhere.*
Aehre, f. (B.), *ear, spike;* **-nfrucht,** f. *grain;* **-nreich,** adj. *spicate.*
Aepfelsäure, f. (C.), *malic acid.*
Aeschern, v. a. (C.), *to reduce to ashes.*
Aestig, adj. (B.), *branched, ramose.*
Aether, m. (C.,) *ether.*
Aetherische Oele, pl. (C.), *essential oils.*
Aetzbar, (C.), *corrosive, caustic.*
Aetzen, v. a. (C.), *to corrode.*
Aetzkali, n. (C.), *caustic potash;* **-lauge,** f. *caustic lye.*
Aetzkalk, m. (C.), *quick-lime.*
Aetzkraft, f. (C.), *causticity.*
Aetzmittel, n. (C.), *corrodent, corrosive.*
Aetznatron, n. (C.), *caustic soda.*
Aetzquecksilber, n. (C.), *corrosive sublimate.*

Affinität, f. (C.), *affinity.*
Affiniren, v. a. *to refine.*
Afterblättchen, n. (B.), *stipule.*
Afterdolde, f. (B.), *cyme.*
Afterkorn, n. (B.), *spur.*
Afterkrystalle, pl. (M.), *pseudomorphous crystals.*
Aggregat, n. (M.), *aggregate.*
Alaun, m. (C.), *alum.*
Algen, pl. (B.), *algæ; sea-weeds.*
Aluminium, n. (C.), *aluminium.*
Amalgam, n. (C.), *amalgam.*
Amalgamiren, v. a. (C.), *to amalgamate.*
Ameisensäure, f. (C.), *formic acid.*
Ammoniak, m (C.), *ammonia.*
Analyse, f. (C.), *analysis.*
Analysiren, v. a. *to analyze.*
Analytiker, m. (C.), *analyst, analyzer.*
Anandrisch, adj. (B.), *anandrous.*
Anfangsgeschwindigkeit, f. (P.), *initial velocity.*
Anflug, m. (C. & M.), *efflorescence.*
Anfressen, v. a. (C.), *to corrode.*
Angedrückt, adj. (B.), *adpressed.*
Angewachsen, adj. (B.), *adnate.*
Angreifen, v. a. (C.), *to attack.*
Angriffspunkt, m. (P.), *point of application.*
Anhäufung, f. (C.), *aggregation.*
Anhaltpunkt, m. (P.), *fulcrum.*
Anhydrisch, adj. (C.), *anhydrous.*
Anker, m. (P.), *armature (of a magnet).*
Anlaufen, v. n. (C.), *to oxidize; to tarnish.*
Anliegend, adj. (B)., *recumbent.*
Anorganisch, adj. (C.), *inorganic.*
Ansatz, m. (B.), *apophysis.*
Anschwängern, v. a. (B.), *to fecundate.*

Ansetzen, n. (P.), *juxtaposition;* (C.), *efflorescence.*
Anstehend, adj. (B.), *contiguous.*
Anstrichfarbe, f. (C.), *paint.*
Antimon, } m. & n. (C.), *anti-*
Antimonium, } *mony.*
Antimonwasserstoff, m. (C.), *antimonietted hydrogen.*
Anwachsend, adj. (B.), *accrescent.*
Anziehen, v. a. (P.), *to attract.*
Anziehung, f. (P.), *attraction.*
Aräometer, n. (P.), *hydrometer, areomoter.*
Arbeit, f. *work; research.*
Arretiren, v. a. (P.), *to arrest.*
Arsen, n. (C.), *arsenic;* -**säure**, f. *arsenic acid;* -**wasserstoff**, m. *arseniuretted hydrogen.*
Arsenhaltig, adj. (C.), *arsenical.*
Arsenig, adj. (C.), *arsenious;* -**e Säure**, f. *arsenious acid;* -**saures Salz**, n. *arsenite.*
Arsenik, m. (C.), *arsenic.*
Arsensaures Salz, n. (C.), *arseniate.*
Art, f. (B.), *species, sort.*
Arzenei, f. *medicine, physic;* -**mittel**, n. *remedy.*
Asche, f. (C.), *ashes.*
Assimiliren, v. a. (B.), *to assimilate.*
Ast, m. (B.), *branch, twig;* -**winkel**, m. *axil.*
Atmosphäre, f. (P.), *atmosphere.*
Atom, n. (C.), *atom;* -**gewicht**, n. *atomic weight.*
Attenuirt, adj. (B.), *attenuated.*
Aufbrausen, v. n. (C.), *to effervesce.*
Auffangen, v. a. (C.), *to collect (gases).*
Aufgebläht, } adj. (B.), *inflated,*
Aufgeblasen, } *inflate.*
Aufgerichtet, adj. (B.)., *erect.*
Aufgerollt, adj. (B.), *convolute.*
Aufgetrieben, adj. (B.), *turgid.*

Aufgewachsen, adj. (B.), *innate.*
Auflösen, v. a. (C.), *to dissolve;* v. refl. **sich** —, *to dissolve.*
Auflösung, f. (C.), *solution;* -**mittel**, n. *solvent; menstruum.*
Aufnehmen, } v. a. (C.), *to absorb.*
Aufsaugen, }
Aufschäumen, v. n. (C.), *to foam up; to froth.*
Aufschiessend, adj. (B.), *arborescent.*
Aufschliessen, v. a. (C.), *to flux.*
Aufsitzend, adj. (B.), *sessile.*
Ausdauernd, adj. (B.), *perennial.*
Ausdehnen, v. refl. (P.), **sich** —, *to expand.*
Ausdehnung, f. (P.), *expansion;* -**kraft**, f. *expansive force.*
Ausdünstung, f. (C.), *exhalation.*
Auseinanderfahren, } v. n. *to di-*
Auseinanderlaufen, } *verge.*
Ausfluss, m. (P.), *emanation.*
Ausgebreitet, adj. (B.), *divergent; spreading.*
Ausgehöhlt, } adj. (B.), *channeled,*
Ausgekehlt, } *striated.*
Ausgekerbt, adj. (B.), *notched, indented, serrate.*
Ausgerandet, adj. (B.), *notched (of leaves).*
Ausgezwickt, adj. (B.), *emarginated, notched.*
Ausgleichen, v. a. (P.), *to compensate, to balance, to adjust.*
Auslaugen, v. a. (C.), *to lixiviate.*
Ausschlag, m. (P.), *deflection* (of the balance).
Ausströmen, v. a. (P.), *to flow out; to emanate.*
Ausziehen, v. a. (C.), *to extract.*
Auszug, m. (C.), *extract, decoction.*

B.

Bärtig, adj. (B.), *barbate.*
Bahn, f. (P.), *path, track, course.*
Balg, m. (B.), *glume, husk;* **-kapsel,** f. *follicle.*
Balgartig, adj. (B.), *glumaceous.*
Ballon, m. (C.), *a very large round flask, a carboy.*
Bandförmig, adj. (B.), *ligulate.*
Bandirt, adj. (B.), *striped.*
Bank, f. (M.), *layer, bed.*
Barium, n. (C.), *barium;* **-oxyd,** n. *baric oxide.*
Barometerstand, m. (P.), *the height of the barometer.*
Bart, m. (B.), *barb; beard.*
Baryt, m. (C.,) *baryta;* **-erde,** f. *baryta;* **-spath,** m. (M.), *heavy spar.*
Base, f. (C.), *base.*
Basicität, f. (C.), *basicity.*
Bast, m. & n. (B.), *bast, inside bark.*
Baum, m. (B.), *tree;* **-öl,** n. *olive-oil;* **-wolle,** f. *cotton.*
Baumartig, } adj. (B.), *arborescent.*
Baumförmig, }
Beben, n. } (P.), *quaking.*
Bebung, f. }
Becher, m. *glas;* (C.), *beaker.*
Bedeckt, adj. (B.), *inclosed, covered;* **Pflanzen mit -en Samen,** *angiospermous plants.*
Beere, f. (B.), *berry.*
Beerenartig, adj. (B.), *bacciform; baccate.*
Befruchtung, f. (B.), *fructification.*
Behaart, adj. (B.), *hirsute, pilose.*
Behältniss, n. (B.), *receptacle.*
Behandeln, v. a. (C.), *to treat, manipulate.*
Behandlung, f. (C.), *treatment.*

Beharren, n. (P.), *inertia.*
Beharrungsvermögen, n. (P.), *vis inertiæ.*
Beize, f. (C.), *mordaunt.*
Beobachtung, f. *observation;* **-en machen, -en anstellen,** *to make observations.*
Beohret, adj. (B.), *auriculate.*
Bepanzert, adj. (B.), *loricated.*
Bergarbeit, f. } (M.), *mining.*
Bergbau, m. }
Bergkrystall, m. (M.), *rock-crystal.*
Bergleute, pl. *miners.*
Bergwerk, n. (M.), *mine.*
Berlinerblau, n. (C.), *Prussian blue.*
Bernstein, m. (M.), *amber;* **-säure,** (C.), *succinic acid.*
Berührung, f. (P.), *contact;* **-selektricität,** f. *galvanism.*
Beryll, m. (M.), *beryl;* **-erde,** f. (C.), *glucina.*
Besamung, f. (B.), *propagation by seed.*
Besatz, m. (B.), *peristome.*
Beschaffenheit, f. *nature, quality.*
Bescheidet, adj. (B.), *sheathed, vaginate.*
Beschlag, m. (C.), *efflorescence.*
Beschleunigend, adj. (P.), *accelerating, accelerative.*
Beschuht, adj. (B.), *calceolate.*
Besen, m. (B.), *spadix.*
Beständig, adj. (B.), *persistent.*
Bestandtheil, m. (C.), *the constituent part; ingredient.*
Bestehen (aus etwas), v. n. (C.), *to be composed (of something).*
Bestielt, adj. (B.), *petioled, petiolate.*
Bestimmen, v. a. (C.), *to determine, to estimate.*
Bett, n. (M.), *bed, layer;* (B.), *disk.*
Beugen, v. a. (P.), *to inflect.*

Beugung, f. (P.), *diffraction, deflection.*
Beutel, m. (B.), *pouch;* -apparat, m. (C.), *sifter* (used to sift finely powdered minerals).
Bewegung, f. (P.), *motion;* -skraft, f. *motive force, impetus;* -slehre, f. *dynamics.*
Bewimpert, adj. (B.), *ciliated.*
Biegsamkeit, f. *flexibility.*
Bild, n. (P.), *image; reflection.*
Bittererde, f. (C. & M.), *magnesia.*
Bittermandelöl, n. (C.), *oil of bitter almonds.*
Bittersalz, n. (C.), *Epsom salt.*
Bitumen, n. (C. & M.), *bitumen.*
Bläschen, n. (B.), *utricle.*
Blättchen, n. (B.), *foliole, leaflet;* pl. (C. & M.), *lamina.*
Blätterig, adj. (B.), *foliate; imbricate;* (in combination with numerals) *-petalous;* (M.), *lamellar.*
Blätterlos, adj. (B.), *leafless, aphyllous.*
Blase, f. (B.), *vesicle;* (C.), *alembic, still.*
Blasenförmig, adj. (B.), *vesicular.*
Blatt, n. (B.), *leaf;* -ansatz, m. *stipule;* -gold, n. (C.), *gold foil;* -grün, n. (B.), *chlorophyll;* -häutchen, n. *ligule;* -scheide, f. *sheath;* -stiel, m. *petiole;* -winkel, m. *axil.*
Blattlos, adj. (B.), *leafless, aphyllous; apetalous.*
Blausäure, f. (C.), *prussic acid;* -verbindungen, pl. *cyanides.*
Blausaure Salze, pl. (C.), *prussiates.*
Blauvitriol, m. (C.), *blue vitriol.*
Blech, n. *sheet-metal, plate; foil.*
Blei, n. (C.), *lead;* -blüthe, f. (M.), *arseniate of lead;* -essig, m. (C.), *acetate of lead;* -gelb, n. *yellow lead, massicot; chromate of lead;* -glätte, f. *litharge;* -glanz, m. (M.), *galena;* -loth, n. (P.), *plummet;* -weiss, n. (C.), *white lead;* -zucker, m. *sugar of lead.*
Bleichen, v. a. (C.), *to bleach.*
Bleicherei, f. (C.), *bleachery.*
Bleichkalk, m. (C.), *chloride of lime.*
Bleichpulver, n. (C.), *bleaching-powder.*
Bleiern, adj. (C.), *leaden.*
Bleihaltig, adj. (C.), *containing lead, plumbiferous.*
Blende, f. (M.), *blende, false galena.*
Blitz, m. *lightning, flash of lightning;* -strahl, m. *flash of lightning.*
Blüthe, f. (B.), *blossom;* (M.), *bloom;* -ndecke, f. (B.), *perianth;* -nkranz, m. *verticil, whorl;* -nstaub, m. *pollen;* -nstengel, m. *peduncle;* -ntraube, f. *raceme.*
Blume, f. (B.), *flower;* -nball, m. *glomerule; head;* -nblatt, n. *petal;* -nbüschel, m. *corymb;* -nkrone, f. *corolla;* -nscheide, f. *spathe;* -nschirm, m. *umbel.*
Blutlaugensalz, n. (C.), *gelbes —, ferrocyanide of potash;* rothes —, *ferricyanide of potash.*
Boden, m. *ground, soil;* -satz, m. (C.), *sediment, residuum.*
Bodenständig, adj. (B.), *hypogynous.*
Bogen, m. (Geom.), *arc.*
Bor, n. (C.), *boron;* -säure, f. *boracic acid.*
Borax, m. (C.), *borax;* roher —, *tincal.*
Borstenartig, } adj. (B.), *setaceous.*
Borstenförmig, }

Botanik, f. (B.), *botany.*
Botaniker, m. (B.), *botanist.*
Botanisiren, v. n. (B.), *to botanize.*
Brandöl, n. (C.), *empyreumatic oil.*
Brauen, v. a. *to brew.*
Brauneisenstein, m. (M.), *brown iron-ore.*
Braunstein, m. (C. & M.), *black oxide of Manganese.*
Brechbarkeit, f. (P.), *refrangibility.*
Brechen, v. a. (P.), *to refract;* v. refl. *to be refracted.*
Brechung, f. (P.), *refraction.*
Brechweinstein, m. (C.), *tartar emetic.*
Breitblätterig, adj. (B.), *latifolious.*
Breite, f. *latitude.*
Brennpunkt, m. (P.), *focus.*
Brenzlich, adj. (C.), *empyreumatic;* (comp. with names of organic acids) *pyro-*.
Brom, n. (C.), *bromine;* -säure, f. *bromic acid;* -wasserstoffsäure, f. *hydrobromic acid.*
Bruch, m. (M.), *fracture;* Stein-, f. *quarry.*
Buchtig, adj. (B.), *sinuate.*
Bündel, n. (B.), *fascicle.*
Bürstenartig, adj. (B.), *pectinate.*
Büschel, m. (B.), *fascicle;* -entladung, f. (P.), *brush discharge.*
Bunt, adj. (B. & M.), *variegated.*
Buttersäure, f. (C.), *butyric acid.*

C.

Calciniren, v. a. (C.), *to calcine, to calcinate.*
Calcium, n. (C.), *calcium;* -oxyd, n. *calcic oxide.*
Carbolsäure, f. (C.), *carbolic acid.*

Ceraunit, m. (M.), *meteor-stone, aërolite.*
Cerealien, pl. (B.), *cereals.*
Cerium, n. (C.), *cerium;* — Salze, pl. *ceric salts.*
Chamäleonlösung, f. (C.), *solution of permanganate of potash in water.*
Charnier, n. *hinge, joint.*
Chemie, f. (C.), *chemistry.*
Chemikalien, pl. (C.), *chemicals.*
Chemiker, m. (C.), *chemist.*
Chemisch, adj. (C.), *chemical;* adv. -rein, *chemically pure.*
Chinin, n. (C.), *quinine.*
Chlor, n. (C.). *chlorine;* -kohlensäure, f. *chlorocarbonic acid, phosgene gas;* -metalle, pl. *chlorides;* -säure, f. *chloric acid;* -wasserstoffsäure, f. *hydrochloric acid.*
Chlorat, n. (C.), *chlorate.*
Chlorige Säure, pl. *chlorous acid.*
Chlorigsaures Salz, n. (C.), *chlorite.*
Chlorimetrie, f. (C.), *chlorometry.*
Chlorophyll, n. (B. & C.), *chlorophyll.*
Chlorsaures Salz, n. (C.), *chlorate.*
Chrom, n. (C.), *chromium;* -säure, f. *chromic acid.*
Chromat, n. (C.), *chromate.*
Chromsaures Salz, n. (C.), *chromate.*
Citronensäure, f. (C.), *citric acid.*
Cölestin, m. (M.), *celestine.*
Cocusnussöl, n. (C.), *cocoa-nut oil.*
Cohäsion, f. (P.), *cohesion.*
Cupelliren, n. (C.), *cupellation.*
Curcuma, f. (B.), *the tumeric plant.*
Cyan, n. (C.), *cyanogen;* -metalle, pl. *cyanides;* -säure, f. *cyanic acid;* -wasserstoffsäure, f. *hydrocyanic acid.*
Cyanide, n. (C.), *cyanide.*

D.

Dach, n. *roof;* das — eines Kessels, *the dome of a boiler.*
Dampf, m. (P.), *steam; vapor;* -bad, n. *steam-bath;* -erzeuger, m. *steam-generator;* -kessel, m. *boiler;* -kolben, m. *piston;* -maschine, f. *steam-engine;* -messer, m. *manometer.*
Darstellen, v. a. (C.), *to produce, to prepare.*
Darstellung, f. (C.), *preparation.*
Dauerpflanzen, pl. (B.), *perennials.*
Dauernd, adj. (B.), *perennial.*
Deckblatt, n. (B.), *bract.*
Decke, f. (B.), *integument.*
Deckel, m. (B.), *operculum.*
Degenförmig, adj. (B.), *ensiform.*
Dehnbar, adj. (P.), *extensible, ductile.*
Demant, m. (M.), *adamant.*
Derb, adj. (M.), *compact.*
Desinficiren, v. a. (C.), *to disinfect.*
Destillat, n. (C.), *product of a distillation.*
Destillation, } f. (C.), *distillation.*
Destillirung,
Destilliren, v. a. (C.), *to distil.*
Destillirgefäss, n. (C.), *still.*
Diamant, m. (M.), *diamond;* -glanz, m. *adamantine lustre.*
Diaphragma, n. (B.), *septum.*
Dicht, adj. (M.), *dense, compact, massive.*
Digeriren, v. a. (C.), *to digest.*
Dolde, f. (B.), *umbel;* -ntraube, f. *corymb.*
Doldenblüthig, adj. (B.), *umbelliferous.*
Doppelsalz, n. (C.), *double-salt.*
Doppelt, adj. (C.), (in comp.) *bi-*.

Dorn, m. (B.), *thorn, spine.*
Dreck, m. (C.), *muck; dregs.*
Drehung, f. (P.), *turn; torsion.*
Dreieck, n. *triangle.*
Dreifach, adj. *triple;* (in comp.) *tri-, three-.*
Dreimännig, adj. (B.), *triandrous.*
Dreiweibig, adj. (B.), *trigynous.*
Druck, m. (P.), *pressure;* -festigkeit, f. *resistance to pressure;* -messer, n. *pressure-gauge.*
Druse, f. (M.), *druse;* -nräume, pl. *cavities in rocks studded with crystals.*
Drusig, adj. (M.), *drusy.*
Dünn, adj. (C.), *dilute.*
Dunst, m. (P.), *vapor.*
Durchbohrt, adj. (B.), *perforate.*
Durchlassung, f. (P.), *transmission.*
Durchleuchtend, adj. (P.), *transfulgent.*
Durchmesser, m. (Math.), *diameter.*
Durchscheinend, adj. (M. & P.), *translucent;* Kanten-, *subtranslucent.*
Durchschneiden, v. a. *to bisect, to intersect.*
Durchschnitt, m. *section.*
Durchsetzt, adj. (M.), *intermingled.*
Durchsickern, } v. n. (M.), *to trickle through, to percolate through.*
Durchsintern,
Durchsichtig, adj. (M. & P.), *transparent;* halb-, *subtransparent.*
Durchwachsen, adj. (B.), *perfoliate.*
Dynamik, f. (P.), *dynamics.*

E.

Ebene, f. (P.), *plane;* geneigte —, schiefe —, *inclined plane.*

Ecke, f. (M.), *angle;* geschliffene —, *facet.*
Edel, adj. (M.), *precious; noble;* -stein, m. *precious stone, jewel.*
Effloresciren, v. n. (P.), *to effloresce.*
Ei, n. (B.), *ovule.*
Eiförmig, adj. (B.), *ovate.*
Eigenschaft, f. (C.), *property.*
Ein-, (in comp.) *uni-.*
Einäscherung, f. (C.), *incineration.*
Einbasisch, adj. (C.), *monobasic.*
Einbiegung, f. (P.), *inflection.*
Einblumig, adj. (B.), *uniflorous.*
Einbrüderig, adj. (B.), *monadelphous.*
Einerseitswendig, adj. (B.), *unilateral.*
Einfach, adj. (B.), *incomposite;* (C.) *simple, uncombined.*
Einfallswinkel, m. (P.), *angle of incidence.*
Einfarbig, adj. (P.), *monochromatic.*
Eingehüllt, adj. (B.), *involucrate.*
Eingekerbt, adj. (B.), *emarginate.*
Eingerollt, adj. (B.), *involute.*
Eingeschlechtig, adj. (B.), *unisexual.*
Eingesprengt, adj. (M.), *disseminated.*
Einhäufig, adj. (B.), *monoecious.*
Einheimisch, adj. (B.), *indigenous.*
Einjährig, adj. (B.), *annual, deciduous.*
Einklappig, adj. (B.), *univalved.*
Einlappig, adj. (B.), *monocotyledonous.*
Einmännig, adj. (B.), *monandrous.*
Einscheidend, adj. (B.), *vaginate.*
Einweibig, adj. (B.), *monogynian.*
Einweichen, v. a. (C.), *to macerate.*
Einwirken, v. a. (C.), *to act upon* (auf).
Einwirkung, f. (C.), *action.*
Eis, n. (C.), *ice;* -essig, m. *glacial acetic acid;* -zapfen, m. *icicles.*
Eisen, n. (C.), *iron;* -oxyd, n. *ferric oxide, sesqui-oxide of iron;* -oxydhydrat, n. *ferric hydrate;* -oxydsalz, n. *ferric salt;* -oxydul, n. *ferrous oxide, protoxide of iron;* -oxydulhydrat, n. *ferrous hydrate;* -oxydulsalz, n. *ferrous salt;* -säuerlinge, pl. *chalybeate waters;* -säure, f. *ferric acid;* -vitriol, m. *green vitriol;* -wasser, n. *chalybeate water.*
Eisenhaltig, adj. (C.), *ferruginous, chalybeate.*
Eiweiss, n. (B. & C.), *albumen.*
Elasticität, f. (P.), *elasticity;* -sgrenze, f. *the limit of elasticity.*
Electricität, f. (P.), *electricity;* -serreger, m. *electromotor;* -sleiter, m. *conductor of electricity;* -ssammler, m. *collector of electricity;* -sstrom, *current of electricity;* -sträger, m. *electrophor;* -swage, f., -zeiger, m. *electrometer.*
Elektrisch, adj. (P.), *electric, electrical.*
Elektrisirbar, adj. (P.), *electrifiable.*
Elektrisiren, v. a. (P.), *to electrify.*
Elektromagnetismus, m. (P.), *electromagnetism.*
Element, n. (C.), *element.*
Elfenbein, n. *ivory.*
Empirisch, adj. (C.), *empiric, empirical.*
Empyreumatisch, adj. (C.), *empyreumatic.*
Endgeschwindigkeit, f. (P.), *terminal velocity.*
Endkante, f. (M.), *terminal edge.*

Endknospe, f. (B.), *terminal bud.*
Entfärbung, f. *discoloration.*
Entfernung, f. (P.), *distance.*
Entkohlen, v. a. (C.), *to decarbonize.*
Entladung, f. (P.), *discharge.*
Entschwefeln, v. a. (C.), *to desulphurate.*
Entstehen, v. n. (C.), *to be formed; to originate.*
Entwässern, v. a. (C.), *to drive off the water, to dehydrate.*
Entweichen, v. n. *to escape.*
Entwickeln, v. a. (C.), *to generate, to evolve.*
Entwickelung, f. (C.), *evolution, development.*
Entzündung, f. (C. & P.), *ignition.*
Erde, f. *earth.*
Erdig, adj. (M.), *earthy; glebous.*
Erdmagnetismus, m. (P.), *terrestrial magnetism.*
Erdmetalle, pl. (C.), *metals of the earths.*
Erdoberfläche, f. *surface of the earth.*
Erdöl, n. (M.), *petroleum.*
Erdpech, n. (M.), *bitumen.*
Erdrinde, f. (M.), *crust of the earth.*
Erdschicht, f. (M.), *stratum, layer of earth;* **die untere —,** *subsoil.*
Erdwärme, f. (P.), *the temperature of the earth.*
Erscheinung, f. (P.), *phenomenon.*
Erschütterung, f. (P.), *concussion; quake.*
Ersetzen, v. a. (C.), *to replace.*
Ersetzung, f. (C.), *replacement, substitution.*
Erz, n. (M.), *ore;* **-gang,** m. *metallic vein, lode;* **-grube,** f. *mine;* **-probe,** f. *assay.*
Erzeugen, v. a. (C. & P.), *to generate; to produce.*

Erzeugung, f. (C. & P.), *generation; production.*
Essig, m. (C.), *vinegar;* **-bildung,** f. *acetification;* **-gährung,** f. *acetous fermentation;* **-säure,** f. *acetic acid.*
Essigsaures Salz, n. (C.), *acetate.*
Exogenisch, adj. (B.), *exogenous.*
Exsiccator, m. (C.), *dessiccator.*

F.

Fabrik, f. *factory, works.*
Fach, n. (B.), *loculus.*
Fadenförmig, adj. (B.), *thread-shaped, filiform.*
Fächerförmig, adj. (B.), *flabellate, fan-shaped.*
-fächerig, adj. (B.), (in comp.) *-locular.*
Fällen, v. a. (C.), *to precipitate.*
Fällung, f. (C.), *precipitation;* **-smittel,** n. *precipitant.*
Fälschung, f. *adulteration.*
Färben, v. a. (C.), *to dye, to color;* v. refl. *to color* (itself).
Färberei, f. *dyeing; dye-works.*
Färbestoff, m. (C.), *dye, color.*
Fäulniss, f. (C.), *putrefaction, decay.*
Fäulnisswidrig, adj. (C.), *antiseptical;* **-es Mittel,** n. *antiseptic.*
Fahne, f. (B.), *standard, vexillum.*
Fall, m. (P.), *fall;* **-maschine,** f. *Atwood's machine;* **-raum,** m. *the space passed through by a falling object.*
Faltig, adj. (B.), *rugose.*
Farbe, f. (P.), *color;* **-nbrechung,** f. *refraction of colors;* **-nspiel,** n. *play of colors;* **-nstrahl,** m. *colored ray of light;* **-nwandlung,** f. *change of colors.*

Farbstoff, m. *dye.*
Farne, f. } *fern.*
Farnkraut, n. }
Faser, f. (B.), *fibre.*
Feder, f. (B.), *plume;* (P.), *spring;* **-kraft,** f. *elasticity.*
Federartig, } adj. (B.), *plumate.*
Federig, }
Federchen, n. (B.), *plumule.*
Fels, } m. (M.), *rock.*
Felsen, }
Felsarten, pl. (M.), *rocks.*
Ferment, n. (C.), *ferment.*
Ferridcyankalium, n. (C.), *ferricyanide of potash.*
Ferrocyankalium, n. (C.), *ferrocyanide of potash.*
Fest, adj. (M.), *compact, solid; firm.*
Fett, n. (C.), *fat, grease;* **-glanz,** m. (M.), *resinous lustre;* **-körper,** pl. *fatty bodies;* **-säure,** f. *sebacic acid.*
Fettsaure Salze, pl. (C.), *sebates.*
Feuchtigkeit, f. (P.), *moisture;* **-messer,** m. *hygrometer;* **durch — zerfliessen,** (C.), *to deliquesce.*
Feuer, n. *fire;* **-stein,** m. (M.), *flint;* **-thon,** m. (C. & M.), *fire-clay;* **-werkerei,** f. *fire-works, pyrotechnics.*
Feuerbeständig, adj. (C.), *fire-proof.*
Feuerflüssig, adj. (C. & M.), *molten.*
Fibrovasalstränge, pl. (B.), *fibrovascular cords, woody-system.*
Fieder, f. } (B.), *segment of a*
Fiederblatt, n. } *pinnated leaf.*
Fiederig, adj. (B.), *pinnate.*
Filter, m. (C.), *filter.*
Filtrirapparat, m. (C.), *filtering apparatus.*
Filtriren, v. a. (C.), *to filter.*
Filtrirpapier, n. (C.), *filter-paper.*

Filtrirung, f. (C.), *filtration, filtering.*
Filzig, adj. (B.), *tomentose, downy.*
Findlingsblock, m. (M.), *erratic block, boulder.*
Fingerförmig, adj. (B.), *digitate.*
Firniss, m. (C.), *varnish.*
Flach, adj. (B.), *discous;* **-gedrückt,** *depressed.*
Fläche, f. (M. & P.), *plane; face, surface.*
Flammenofen, } m. *reverberatory*
Flammofen, } *furnace.*
Flaschenzug, m. (P.), *polyspast, pulley.*
Flaum, m. (B.), *down, villi.*
Flechte, f. (B.), *lichen.*
Flockig, adj. (M.), *flocculent.*
Flötz, n. (M.), *horizontal stratum, layer, seam.*
Flüchtig, adj. (C.), *volatile.*
Flügelfrucht, f. (B.), *winged fruit, samara.*
Flüssig, adj. (P.), *fluid, liquid.*
Flüssigkeit, f. (P.), *fluid, liquid.*
Fluor, m. (C.), *fluorine;* **-metalle,** pl. *fluorides;* **-wasserstoffsäure,** f. *hydrofluoric acid.*
Fluss, m. (C.), *flux;* **-mittel,** n. *flux;* **-säure,** f. *hydrofluoric acid.*
Formel, f. (C.), *formula.*
Fortpflanzen, v. a. (P.), *to transmit; to propagate; to spread.*
Fortpflanzung, f. (P.), *transmission; propagation.*
Fransig, adj. (B.), *fringed, laciniate.*
Frei, adj. *free.*
Freiwerden, v. n. (C.), *to be disengaged, to be liberated.*
Freiwerdend, adj. (C.), *nascent.*
Fremdartig, adj. (C.), *extraneous.*
Frieren, v. n. (P.), *to freeze.*

Frucht, f. (B.), *fruit;* **-boden,** m. *receptacle;* **-haut,** f. *epicarp;* **-hülle,** f. *pericarp;* **-knoten,** m. *ovary;* **-röhre,** f. *pistil.*
Fundort, m. (M.), *locality.*
Fünfmännig, adj. (B.), *pentandrous.*
Fünfweibig, adj. (B.), *pentagynous.*
Funke, m. (P.), *spark.*
Funkeln, n. (P.), *coruscation.*
Fuselöl, n. (C.), *Fousel oil.*

G.

Gabelförmig, adj. (B.), *bifurcate, forked.*
Gähren, v. n. (C.), *to ferment.*
Gährung, f. (C.), *fermentation;* **-smittel,** n. *ferment.*
Gallapfel, m. (B.), *gall-nut.*
Galle, f. (C.), *gall, bile.*
Gallert, m. (C.), *gelatine.*
Gallertartig, adj. (C.), *gelatinous.*
Gallussäure, f. (C.), *gallic acid.*
Galvanisch, adj. (P.), *galvanic.*
Galvanisiren, v. a. (P.), *to galvanize.*
Gang, m. (M.), *vein, lode;* **-art,** f. *gangue, matrix of the ore.*
Gangweise, adv. (M.), *in veins.*
Gas, n. (C. & P.), *gas;* **-entwickelung,** f. *evolution of gas.*
Gasartig, } adj. (C. & P.), *gaseous.*
Gasförmig, }
Geadert, adj. (B. & M.), *veined.*
Geballt, adj. (B.), *globose.*
Gebettet, adj. (M.), *imbedded.*
Gebirgsart, f. (M.), *species of rock.*
Gebüschelt, adj. (B.), *fascicled.*
Gebundene Wärme, f. (P.), *latent heat.*
Gediegen, adj. (C. & M.), *native; pure.*
Gedrängt, adj. (B.), *coarctate.*

Gedreht, adj. (B.), *contorted.*
Gefältet, adj. (B.), *plaited, plicate.*
Gefäss, n. (B.), *duct, vessel;* **-bildung,** f. *vascular structure;* **-bündel,** n. *vascular bundle;* **-pflanzen,** pl. *vascular plants.*
Gefiedert, adj. (B.), *pinnate, pinnated.*
Geflügelt, adj. (B.), *alate.*
Gefranset, adj. (B.), *fringed, fimbriate.*
Gefrierpunkt, m. (P.), *freezing-point.*
Gefüge, m. (M.), *texture.*
Gefurcht, adj. (B. & M.), *sulcate.*
Gegendruck, m. (P.), *counter-pressure.*
Gegeneinander geneigt, (B.) *converging.*
Gegenfarbe, f. *complementary color.*
Gegengang, m. (M.), *counter-lode.*
Gegenkraft, f. (P.), *opposed force.*
Gegenmittel, n. (C.), *antidote, remedy.*
Gegenschein, m. (P.), *reflection.*
Gegenstoss, m. (P.), *reaction.*
Gegipfelt, adj. (B.), *fastigiate.*
Gegittert, adj. (B.), *cancellate.*
Gegliedert, adj. (B.), *articulated.*
Gegrannt, adj. (B.), *awned.*
Gehalt, m. *contents.*
Gehäuft, adj. (B.), *aggregate.*
Gehelmt, adj. (B.), *galeate.*
Gehör, n. (P.), *hearing;* **-lehre,** f. *acoustics;* **-organ,** n. *organ of hearing.*
Gehörnt, adj. (B.), *cornute.*
Geist, m. (C.), *spirit, spirits.*
Geistig, adj. (C.), *spirituous.*
Gekelcht, adj. (B.), *calyculate.*
Gekerbt, adj. (B.), *crenate.*
Gekielt, adj. (B.), *carinate.*
Geknäult, adj. (B.), *glomerate.*

Gekniet, adj. (B.), *geniculate.*
Gekörnt, adj. (B.), *granular.*
Gekreuzt, adj. (B.), *cruciate.*
Gekrönt, adj. (B.), *coronate.*
Gekrümmt, adj. (B.), *curved.*
Gelatinös, adj. (C.), *gelatinous.*
Gelenk, n. (B.), *joint, knot.*
Gelenkig, adj. (B.), *geniculate.*
Gelöscht, adj. (C.), *slaked, slacked.*
Gemengstoffe, pl. (C.), *constituent parts of mixture.*
Genabelt, adj. (B.), *umbilicate.*
Genagelt, adj. (B.), *unguiculate.*
Geneigt, adj. (B. & P.), *inclined.*
Geode, f. (M.), *geode.*
Geöhrt, adj. (B.), *auriculate.*
Gepaart, adj. (B.), *geminate, conjugate.*
Gepolstert, adj. (B.), *pulvinate, cushioned.*
Gerade, adj. *straight, direct.*
Geradläufig, adj. (B.), *orthotropone, straight.*
Gerben, v. a. *to tan.*
Gerbsäure, f. (C.), *tannic acid.*
Gerbstoff, m. (C.), *tannin.*
Gerinnelt,) adj. (B.), *canaliculate,*
Gerinnt,) *channelled.*
Gerinnsel, n. (C.), *coagulated matter.*
Geröll, n. (M.), *rubble; the place where several veins join in one.*
Gerste, f. (B.), *barley.*
Geruch, m. *smell; scent.*
Geruchlos, adj. *without smell; inodorous.*
Gerundet, adj. (B.), *orbiculate.*
Gesägt, adj. (B.), *serrate.*
Gesäumt, adj. (B.), *bordered, fimbriate.*
Gescheckt, adj. (B.), *variegated.*
Geschiebe, n. (M.), *bowlder, erratic block;* -formation, f. *unstratified deposit.*

Geschindelt, adj. (B.), *imbricate.*
Geschlecht, n. (B.), *sex.*
Geschlitzt, adj. (B.), *laciniate.*
Geschlossen, adj. (B.), *closed;* -e Kette, f. (P.), *endless chain.*
Geschmack, m. *taste.*
Geschmacklos, adj. *without taste, tasteless.*
Geschmeidig, adj. (C. & M.), *malleable; pliant.*
Geschnäbelt, adj. (B.), *rostrate, beaked.*
Geschütte, n. (M.), *heaps, mixed layers.*
Geschwindigkeit, f. (P.), *velocity.*
Geschwollen, adj. (B.), *torose, torulose.*
Gesetz, n. *law.*
Gesichtslinie, f. (P.), *visual line.*
Gespalten, adj. (B.), *cleft;* (in comp.) *-fid* (e. g. achtgespalten, *octofid*).
Gespitzt, adj. (B.), *pointed.*
Gespornt, adj. (B.), *calcarate.*
Gestein, n. (M.), *stone, rock;* -kunde, f. *mineralogy; petrography.*
Gestielt, adj. (B.), *stipitate; petiolate; pedunculate.*
Gestrahlt, adj. (B.), *stellate, radiate.*
Gestreckt, adj. (B.), *procumbent, trailing.*
Gestreift, adj. (B.), *striate.*
Gestrunkt, adj. (B.), *stipitate.*
Gestützt, adj. (B.), *fulcrate.*
Getheilt, adj. (B.), *parted.*
Getränk, n. *drink, beverage; liquors.*
Getreide, f. (B.), *grain.*
Getrennt, adj. (B.), *segregate.*
Getriebe, n. (P.), *motive power.*
Getüpfelt, adj. (B.), *dotted, spotted.*
Gewächs, n. (B.), *anything growing, plants; growth.*
Gewebe, n. (B.), *tissue.*

Gewicht, n. (C. & P.), *weight; gravity;* -e, pl. *weights.*
Gewitter, n. (P.), *tempest, storm.*
Gewürz, n. *spice.*
Gewürzhaft, adj. (C.), *spicy, aromatic.*
Gewunden, adj. (B.), *flexuous, spiral.*
Gezackt, adj. (B.), *pectinate.*
Gezähnt, adj. (B.), *dentate, toothed.*
Gezweit, adj. (B.), *binate.*
Gift, n. (C.), *poison;* -mehl, n. *flour of arsenic.*
Giftig, adj. (C.), *poisonous.*
Gipfel, m. (B.), *top.*
Gipfelständig, adj. (B.), *terminal.*
Glänzend, adj. (M.), *shining;* stark —, *splendent;* wenig —, *glistening.*
Gläsern, adj. (M.), *glassy, vitreous.*
Glanz, m. (M.), *lustre.*
Glanzerz, n. (M.), *galena.*
Glanzpapier, n. (C.), *glazed paper.*
Glas, n. (C.), *glass;* -elektricität, f. (P.), *vitreous electricity;* -glanz, m. *vitreous lustre;* -thränen, pl. *Prince Rupert's drops.*
Glasähnlich,) adj. (M.), *hyaline,*
Glasig,) *vitreous, glassy.*
Glasur, f. *glazing, enamel.*
Glatt, adj. *smooth; slippery;* (B.), *glabrous.*
Gleichartig, adj. (C.), *homogeneous.*
Gleichbreit, adj. (B.), *linear.*
Gleichgewicht, n. (P.), *equilibrium, balance;* -spunkt, m. *centre of gravity.*
Gleichhoch, adj. (B.), *fastigiate.*
Gleichschenkelig, adj. (Math.), *isosceles.*
Gleichseitig, adj. (Math.), *equilateral.*
Gleichung, f. (Math.), *equation.*

Gleichwinkelig, adj. (Math.), *equiangular.*
Gletscher, m. *glacier.*
Glied, n. (Math.), *term, member.*
Gliederhülse, f. (B.), *loment.*
Glimmentladung, f. (P.), *silent discharge.*
Glimmer, m. (M.), *mica.*
Glocke, f. (C.), *bell-glass, receiver.*
Glockenblumig,) adj. (B.), *campa-*
Glockenförmig,) *nulate.*
Glühen, v. a. (C.), *to ignite;* v. n., *to glow.*
Glühhitze, f. (C.), *red heat;* Weiss-, f. *white heat.*
Gold, n. (C. & M.), *gold;* -kies, m. *auriferous pyrites.*
Grad, m. (P.), *degree.*
Gradirung, f. *graduation.*
Graduiren, v. a. (C. & P.), *to graduate.*
Granat, m. (M.), *garnet.*
Granit, m. (C.), *granite.*
Granne, f. (B.), *awn, arista.*
Graphit, n. (C. & M.), *graphite.*
Graupe, f. (M.), *grain.*
Graupelerz, n. (M.), *ore in grains.*
Grauspiessglanzerz, n. (M.), *gray antimony.*
Grauwacke, f. (M.), *graywacke.*
Griffel, m. (B.), *style, pistil.*
Grube, f. (M.), *mine, pit;* -ngas, n. *gas in mines.*
Grubig, adj. (B.), *lacunose.*
Grünspan, m. (C.), *verdigris.*
Grummig, adj. (B.), *grumose.*
Grundgriffel, m. (B.), *basal style.*
Grundriss, m. *sketch; ground-plan.*
Grundstoff, m. (C.), *elementary matter, element.*
Gruppe, f. *group; cluster.*
Gummi, n. & m. (C.), *gum;* -harz, n. *gum-resin;* -lack, m. *gum-lac.*

Guterz, n. (M.), *good* or *rich ore.*
Gyps, m. (C. & M.), *gypsum, plaster of Paris;* -abdruck, m., -abguss, m. *plaster cast;* -brennen, n. *calcination of gypsum.*

H.

Haar, n. (B.), *hair, pappus;* -röhre, f. *capillary tube.*
Haarförmig, adj. (B.), *capillary;* (M.), *amianthoid.*
Haarig, adj. (B.), *pilose, villose.*
Habitus, m. (B.), *habit.*
Hakig, adj. (M.), *hackly.*
Hälter, m. (B.), *receptacle.*
Hämmerbar, adj. *malleable.*
Härte, f. *hardness.*
Häufelblüthler, pl. (B.), *aggregate flowers.*
Häutchen, n. (B.), *cuticle.*
Hafer, m. (B.), *oats.*
Haften, v. a. (P.), *to adhere.*
Hagel, m. *hail.*
Hakenförmig, adj. (B.), *uncinate, hook-shaped.*
Halb-, (in comp.) *semi-.*
Halbart, f. (B.), *subspecies.*
Halbgetrennt, adj. (B.), *androgynous.*
Halbiren, v. a. (Math.), *to bisect.*
Halbirt, adj. (B.), *dimidiate.*
Halbkugel, f. *hemisphere.*
Halbmesser, m. (Math.), *radius.*
Halbmondförmig, adj. (B.), *crescent-shaped.*
Halm, m. (B.), *blade, stalk.*
Halogene, pl. (C.), *halogens, haloid salts.*
-haltig, adj. (in comp.) *containing.*
Handstück, n. (M.), *specimen of ore.*
Hanföl, n. (C.), *hempseed-oil.*

Harn, m. (C.), *urine;* -säure, f. *uric acid;* -stoff, m. *urea.*
Harnsaures Salz, n. (C.), *urate.*
Hart, adj. (M.), *hard.*
Harz, n. (C.), *resin, rosin.*
Harzig, adj. (C.), *resinous.*
Haspel, m. *winch, windlass.*
Haufenwerk, n. (M.), *heap of ore;* (P.), *aggregate.*
Hauptgang, m. (M.), *principal or main lode.*
Haut, f. (B.), *skin, cuticle, membrane.*
Hebel, m. (P.), *lever.*
Heber, m. (P.), *syphon.*
Hefe, f. (B.), *yeast-plant.*
Helmförmig, adj. (B.), *galeate.*
Herabgeknickt, adj. (B.), *refracted.*
Herabhängend, adj. (B.), *pendulous.*
Herablaufend, adj. (B.), *decurrent.*
Herausstehend, } adj. (B.), *exserted.*
Hervorstehend, }
Hinfällig, adj. (B.), *deciduous.*
Höckerchen, n. (B.), *tubercle.*
Hohl, adj. (B.), *fistulose;* (P.), *concave.*
Hohofen, m. *blast-furnace.*
Holz, n. (B.), *wood,* -alkohol, m. (C.), *wood-alcohol;* -essig, m. *pyroligneous acid;* -geist, m. *wood-spirits;* -säure, f. *pyroligneous acid.*
Holzartig, } adj. (B.), *ligneous.*
Holzig, }
Hornförmig, adj. (B.), *corneous.*
Hub, m. (P.), *impetus; stroke* (of the piston).
Hülle, f. (B.), *involucre.*
Hüllhaut, f. (B.), *amphidermis.*
Hülse, f. (B.), *glume; legume, pod.*
Hülsenartig, adj. (B.), *leguminous.*

Hütte, f. (M.), *smelting-house;* -nkunde, f. *metallurgy.*
Huminsäure, } f. (C.), *ulmic acid.*
Humussäure,
Hydrat, n. (C.), *hydrate.*
Hydrometer, m. (P.), *hydrometer, aërometer.*

I. & J.

Indig, } m. (C.), *indigo;* -blau, n.
Indigo, } *indigo-blue, indigotine.*
Ineinanderfliessend, adj. (B.), *confluent.*
Inflammabilien, pl. (C.), *combustibles.*
Ingwer, m. *ginger.*
Innenhaut, f. (B.), *endocarp.*
Insolubilität, f. (C.), *insolubility.*
Interferenz, f. (P.), *interference.*
Involucrum, n. (B.), *involucre.*
Jod, n. (C.), *iodine;* -säure, f. *iodic acid;* -verbindungen, pl. *iodides;* -wasserstoffsäure, f. *hydriodic acid.*
Iridium, n. (C.), *iridium.*
Irisiren, n. (M.), *iridescence.*

K.

Kadmium, n. (C.), *cadmium.*
Kälte, f. (P.), *cold;* -grad, m. *degree of cold;* -mischung, f. *freezing-mixture.*
Kälteerzeugend, adj. (P.), *frigorific.*
Käsestoff, m. (C.), *caseine.*
Kätzchen, n. (B.), *ament, catkin.*
Kahl, adj. (B.), *glabrous, smooth.*
Kahnförmig, adj. (B.), *cymbiform; carinate.*
Kalciniren, v. a. (C.), *to calcine, to calcinate.*

Kali, n. (C.), *potash, potassa;* -hydrat, n. *potassic hydrate;* -lauge, f. *potash-lye;* -nitrat, n. *saltpetre, potassic nitrate.*
Kalium, n. (C.), *potassium.*
Kalk, m. (C.), *lime;* -ablagerungen, pl. (M.), *calcareous deposits, sediments;* -milch, f. (C.), *lime-water;* -stein, m. (M.), *limestone.*
Kamm, m. (B.), *crest, tuft;* -rad, n. (P.), *cog-wheel.*
Kampher, } m. (C.), *camphor.*
Kampfer,
Kamphin, n. (C.), *camphene.*
Kante, f. (M.), *edge.*
Kapillar, adj. (P.), *capillary.*
Kappe, f. (B.), *cucullus.*
Kappenförmig, adj. (B.), *cucullate, hood-shaped.*
Kapsel, f. (B. & C.), *capsule.*
Kapselartig, } adj. (B.), *capsular.*
Kapselig,
Kartoffelstärke, f. (C.), *potato-starch.*
Kasten, m. (P.), — eines Wasserrades, *bucket of a water-wheel.*
Katechu, n. (C.), *catechu, cutch.*
Kattundruckerei, f. *calico-printing.*
Kaustisch, adj. (C.), *caustic.*
Kegel, m. (Math.), *cone;* ein stumpfer —, ein abgestumpfter —, *a truncated cone;* -schnitt, m. *conic section.*
Keim, m. (B.), *germ;* -bläschen, n. *germinative vesicle;* -blatt, n. *cotyledon;* -fleck, m. *chalaza;* -frucht, f. *sporangium, sporocarpium;* -gang, m. *podosperm;* -hülle, f. *perisperm;* -sack, m. *embryo-sac;* -warze, f. *caruncle, strophiole;* -würzelchen, n. *radicle.*

Kelch, m. (B.), *calyx;* -**blatt**, n. *sepal;* -**röhrchen**, n. *tube;* **schlund**, m. *faux.*
Kelchblüthig, adj. (B.), *calyculate.*
Kennzeichen, n. *characteristic; indication.*
Kerbzähnig, adj. (B.), *crenate.*
Kern, m. (B. & M.), *nucleus;* -**gestalt**, f. (M.), *fundamental form;* -**substanz**, f. (B.), *perisperm, albumen.*
Kessel, m. *boiler;* -**stein**, m. *boiler-incrustation.*
Kette, f. (P.), *chain.*
Keule, f. *pestle.*
Kiel, m. (B.), *carina, keel.*
Kielförmig, adj. (B.), *carinate.*
Kies, m. (M.), *pyrites.*
Kiesel, m. (C. & M.), *flint;* -**erde**, f. *silica;* -**feuchtigkeit**, f. *soluble glass;* -**guhr**, f. *silicious marl;* -**säure**, f. *silicic acid.*
Kieselartig, } adj. (C.), *silicious.*
Kieselig,
Kieselsaure Salze, pl. (C.), *silicates.*
Kilogramm, n. *kilogram* (= 2 lbs. 5¼ drms.).
Kitt, m. (C.), *lute, luting.*
Klären, v. a. & refl. (C.), *to clarify.*
Klappe, f. (B.), *valve.*
Klappig, adj. (B.), *valvate,* (in comp.) *-valved.*
Klasse, f. (B.), *class.*
Kleber, m. (C.), *gluten.*
Klebestoff, m. (B.), *gum.*
Klee, m. (B.), *clover;* -**salz**, n. *binoxolate of potash;* -**säure**, f. *oxalic acid.*
Kleingrubig, adj. (B.), *foveolate.*
Kleinkörnig, adj. (M.), *small-grained.*
Kleinspitzig, adj. (B.), *apiculate.*

Kleister, m. *paste.*
Klimmend, adj. (B.), *climbing, twining.*
Knall, m. (C.), *detonation, report;* -**gas**, n. *explosive gas* (oxy-hydrogen gas); -**gebläse**, n. *oxy-hydrogen blow-pipe;* -**pulver**, n. *fulminating powder.*
Knieförmig, adj. (B.), *geniculate.*
Knistern, v. n. (C.), *to crepitate.*
Knoblauchöl, n. (C.), *oil of garlic.*
Knochenerde, f. (C.), *bone-earth* (*phosphate of lime*).
Knötchen, n. (B.), *tubercle.*
Knötig, adj. (B.), *tuberculate.*
Knollen, m. (B.), *tubercle, bulb.*
Knospe, f. (B.), *bud.*
Knoten, m. (C.), *node;* (M.), *nodule.*
Knotig, adj. (C.), *articulated, nodose.*
Kobalt, m. (C.), *cobalt;* -**säure**, f. *cobaltic acid.*
Kochen, v. a. & n. (C. & P.), *to boil.*
Kochpunkt, m. (P.), *boiling-point.*
Kochsalz, n. (C.), *common salt, table salt.*
König, m. (C.), *regulus.*
Köpfchen, n. (B.), *head, tuft.*
Körnig, adj. (C. & M.), *granular.*
Körper, m. (C.), *body, substance.*
Kohle, f. (C.), *charcoal; coal;* -**nbank**, f. (M.), *coal-bed;* -**nbrennen**, n. (C.), *charcoal-burning;* -**nhydrate**, pl. *carbohydrates;* -**noxyd**, n. *carbonic oxide;* -**ndioxyd**, n. *carbonic dioxide;* -**nsäure**, f. *carbonic acid;* -**nstoff**, m. *carbon;* -**nwasserstoff**, m. *hydrocarbon;* -**nwasserstoffgas**, n. *carburetted hydrogen gas.*
Kohlensaure Salze, pl. (C.), *carbonates.*

Koke, } n. (C.), *coke.*
Koks,
Kolbe, f. (C.), *a large round-bottomed flask.*
Kolben, m. (B.), *spadix, spathe;* (P.), *piston.*
Kondensator, m. (P.), *condenser.*
Koniferen, pl. (B.), *coniferæ.*
Konvergenz, f. (P.), *convergence.*
Konvergirend, adj. (P.), *convergent.*
Koordinaten, pl. (Math.), *co-ordinates.*
Kopf, m. (B.), *head;* -blüthen, pl. *composite flowers.*
Koralle, f. (M.), *coral.*
Korbblüthig, adj. (B.), *synantherous.*
Kork, m. (B.), *cork;* -stoff, m. *suberine;* -säure, f. *suberic acid.*
Korkartig, adj. (B.), *suberose.*
Kornfrucht, f. (B.), *caryopsis.*
Kraft, f. (P.), *force, power.*
Krapp, m. (C.), *madder.*
Kraut, n. (B.), *herb.*
Kreide, f. (C. & M.), *chalk;* -gruppe, f. *cretaceous group.*
Kreis, m. (Math.), *circle;* -bewegung, f. (P.), *rotary motion;* -drehung, f. *rotation;* -lauf, m. *circulation; succession;* -umfang, m. *circumference of a circle.*
Kreuzförmig, adj. (B.), *cruciform.*
Kreuzgang, m. (M.), *cross-lode.*
Kreuzständig, adj. (B.), *decussate.*
Kronartig, adj. (B.), *petaloid.*
Kronblatt, n. (B.), *petal.*
Krone, f. (B.), *corona.*
Kronenlos, adj. (B.), *apetalous.*
Kropf, m. (B.), *struma, excrescence.*
Krümmend, adj. (B.), *sich einwärts* —, *curved, tortuous.*

Krummläufig, adj. (B.), *campylotropous.*
Kruste, f. (M.), *crust;* — auf Mineralien, *illinition.*
Krystall, m. (M.), *crystal;* -druse, f. *cluster of crystals;* -kunde, f. *crystallography;* -wasser, n. *water of crystallization.*
Krystallinisch, } adj. (M.), *crystal-*
Krystallartig, } *line.*
Krystallisation, f. (C. & M.), *crystallization.*
Kubik, adj. (Math.), *cubic;* -wurzel, f. *cube-root.*
Kubisch, adj. (Math.), *cubic, cubical.*
Künstlich, adj. *artificial.*
Küpe, f. *vat.*
Kugel, f. *ball, sphere.*
Kugelartig, } adj. *globular, spheri-*
Kugelig, } *cal.*
Kupfer, n. (C. & M.), *copper;* -oxyd, n. *cupric oxide;* -oxydul, n. *cuprous oxide;* -späne, pl. *copper filings* or *shavings;* -vitriol, m. *copper vitriol, blue vitriol.*
Kurbel, f. (P.), *crank.*
Kurkuma, f. (B. & C.), *tumeric.*

L.

Laboratorium, n. *laboratory.*
Lack, m. & n. (C.), *lac.*
Lackmus, n. (C.), *litmus.*
Ladekette, f. (P.), *electrical chain of Leyden jar.*
Laden, v. a. (P.), *to charge.*
Ladung, f. (P.), *charge.*
Länge, f. *length; longitude;* -nschwingung, f. *longitudinal oscillation.*
Läufer, m- (B.), *sucker, shoot.*
Läutern, v. a. (C.), *to refine, to purify.*

Lage, f. (P.), *position.*
Lager, n. (M.), *layer, bed.*
Lamellar, adj. (M.), *lamellar.*
Lamelle, f. (M.), *lamina;* −n, pl. (B.), *leaflets.*
Langschotig, adj. (B.), *siliquose.*
Lanzettenförmig, adj. (B.), *lanceolate.*
Lappen, m. (B.), *lobe.*
Lappenlos, adj. (B.), *acotyledonous.*
Lappig, adj. (B.), *lobed.*
Larvenähnlich, adj. (B.), *personate.*
Lasurstein, m. (M.), *lapis lazuli.*
Laub, n. (B.), *foliage.*
Lauge, f. (C.), *lye.*
Laugen, v. a. (C.), *to lixiviate; to buck.*
Leer, adj. *empty;* **ein −er Raum,** (P.), *vacuum.*
Legirung, f. (C.), *alloy.*
Leim, m. (C.), *glue;* **thierischer —,** *osmazome;* **−stoff,** m. *gluten.*
Lein, m. (B.), *linseed, flax-seed;* **−öl,** n. *linseed oil;* **−samen,** m. *linseed.*
Leiten, v. a. (P.), *to conduct.*
Leiter, m. (P.), *conductor;* **Nicht−,** m. *non-conductor.*
Leitung, f. (P.), *conduction;* **−sfähigkeit,** f. *conductibility.*
Lenken, v. n. & refl. *to bend, to turn.*
Lett, } m. (C.), *potter's clay;*
Letten, } *loam.*
Licht, n. (P.), *light; daylight;* **−schein,** m. (M. & P.), *opalescence.*
Liegend, adj. (B.), *procumbent.*
Linse, f. (P.), *lens.*
Lippenförmig, } adj. (B.), *labiate.*
Lippig, }
Lithion, } n. (C.), *lithium;* **−oxyd,**
Lithium, } n. *lithia, lithic oxide.*
Locker, adj. (B.), *lax; loose.*
Löcherig, adj. (B.), *perforate.*

Löffelförmig, adj. (B.), *cochleariform.*
Löschen, v. a. (C.), *to slake, to slack.*
Lösen, v. a. (C.), *to dissolve.*
Löslich, adj. (C.), *soluble.*
Löslichkeit, f. (C.), *solubility.*
Lösung, f. (C.), *solution.*
Löthen, v. a. *to solder; to braze.*
Löthrohr, n. (C.), *blow-pipe.*
Loth, n. *solder.*
Luft, f. (C. & P.), *air; gas;* **−art,** f. *kind of gas;* **−druck,** m. *atmospheric pressure;* **−pumpe,** f. *air-pump;* **−röhre,** f. (B.), *air-vessel;* **−schiff,** n. (P.), *air-balloon.*
Luftartig, } adj. (C. & P.), *aëri-*
Luftförmig, } *form; gaseous.*
Luftdicht, adj. (P.), *air-tight;* adv. *hermetically.*
Lupe, f. (P.), *magnifying-glass.*

M.

Maceriren, v. a. (C.), *to macerate.*
Männlich, adj. (B.), *staminate, sterile.*
Magnesia, f. (C.), *magnesia.*
Magnesium, n. (C.), *magnesium,* **−oxyd,** *magnesic oxide.*
Magnet, m. (P.), *magnet, loadstone;* **−eisen,** n. (M.), *magnetic iron;* **−elektricität,** f. *electromagnetism.*
Magnetisch, adj. (P.), *magnetic.*
Magnetisiren, v. a. (P.), *to magnetize.*
Mandel, f. (B.), *almond;* **−öl,** (C.), *almond-oil;* **−stein,** m. *amygdaloid, mandle-stone.*
Mangan, n. (C.), *manganese;* **−oxyd,** n. *manganic oxyd;* **−oxydul,** n. *manganous oxide;* **−säure,** f. *manganic acid.*

Mangansaure Salze, pl. (C.), *manganates.*
Mannweiblich, adj. (B.), *androgynous.*
Mantel, m. (B.), *aril.*
Mark, n. (B.), *pith, medulla.*
Markig, adj. (B.), *medullary.*
Marmor, m. (M.), *marble.*
Maschine, f. *machine.*
Masse, f. *mass.*
Materie, f. (P.), *matter.*
Matt, adj. (M.), *dull, unpolished.*
Mechanik, f. (P.), *mechanics.*
Mechanismus, m. *mechanism.*
Mehl, n. (B.), *farina, pollen;* -staub, m. *farina.*
Mehlstaubartig, adj. (B.), *farinaceous.*
Mehlstaubig, adj. (B.), *farinose.*
Mehrblätterig, adj. (B.), *polypetalous.*
Mehrblumig, adj. (B.), *multiflorous.*
Mehrfächerig, adj. (B.), *multilocular.*
Mehrsamig, adj. (B.), *polyspermous.*
Mekonsäure, f. (C.), *meconic acid.*
Menge, f. (C.), *quantity.*
Meniskus, m. (P.), *meniscus.*
Mennige, f. (M.), *minium, vermilion.*
Mergel, m. (M.), *marl.*
Merkmal, n. *characteristic.*
Merkur, m. (C.), *mercury.*
Messing, n. (C.), *brass.*
Metall, n. (C. & M.), *metal;* edle -e, pl. *precious metals;* unedle -e, *base metals;* -glanz, m. *metallic lustre;* -probe, f. *assay.*
Metallähnlich, }
Metallartig,   } adj. (C. & M.), *metallic.*
Metallisch,   }

Metallhaltig, adj. (M.), *metalliferous.*
Meteoreisen, n. (M.), *meteoric iron.*
Meteorstein, m. (M.), *meteoric stone, aërolite.*
Milch, f. *milk;* -säure, f. (C.), *lactic acid.*
Milchsaure Salze, pl. (C.), *lactates.*
Mild, adj. (M.), *sectile.*
Mineral, n. (M.), *mineral;* -brunnen, m., -quelle, f. *mineral spring;* -reich, n. *mineral kingdom.*
Mineralog, m. (M.), *mineralogist.*
Mineralogie, f. (M.), *mineralogy.*
Mischung, f. (C.), *mixture; combination;* -sgewicht, n. *combining weight.*
Mittel, n. (P.), *medium.*
Mittel, n. *middle;* -haut, f. (B.), *mesocarp;* -punkt, m. (P.), *centre.*
Mittelständig, adj. (B.), *intermediate.*
Mixtur, f. (C.), *mixture.*
Mörser, m. *mortar;* -keule, f. *pestle.*
Mörtel, m. (C.), *mortar.*
Mohn, m. (B.), *poppy;* -saft, m. (C.), *opium.*
Molekül, n. (C. & P.), *molecule.*
Molybdän, n. (C.), *molybdena;* -oxyd, n. *molybdic oxide;* -säure, f. *molybdic acid.*
Moment, n. (P.), *momentum, impetus.*
Moos, n. (B.), *moss.*
Moussiren, v. n. (C.), *to effervesce.*
Mündung, f. *mouth, orifice;* (B.), *stoma, breathing-pore.*
Muffel, f. (C.), *muffle;* -ofen, m. *muffle-furnace.*
Muschelig, adj. (M.), *conchoidal.*
Muttergestein, n. (M.), *matrix.*
Mutterlauge, f. (C.), *mother-liquor.*

N.

Nabel, m. (B.), *hilum;* **-anhang,** m. *strophiole, caruncle;* **-fleck,** m. *chalaza;* **-streifen,** m. *rhaphe;* **-warze,** f. *caruncle.*
Nabelig, adj. (B.), *umbilicate.*
Nachenförmig, adj. (B.), *navicular, cymbiform.*
Nacktfrüchtig, adj. (B.), *gymnocarpous.*
Nacktsamig, adj. (B.), *gymnospermous.*
Nadel, f. (B. & M.), *needle;* **-blatt,** n. (B.), *acicular leaf.*
Nadelförmig, adj. (B.), *acerose, acicular.*
Nagelfluh, n. (M.), *pudding-stone.*
Naht, f. (B,), *suture.*
Napfförmig, adj. (B.), *cyathiform, cupuliform, cup-shaped.*
Narbe, f. *stigma; hilum.*
Narkotisch, adj. (C.), *narcotic;* **-e Mittel,** pl. *narcotics.*
Nass, adj. (C.), *wet;* **auf nassem Wege,** *in the wet way.*
Natrium, n. (C.), *sodium;* **-oxyd,** n. *sodic oxide.*
Natron, n. (C.), *soda (sodic oxide);* **-alaun,** m. *soda-alum (aluminic and sodic sulphate);* **-hydrat,** n. *sodic hydrate;* **-lauge,** f. *soda-lye;* **-salpeter,** m. *sodic nitrate.*
Natronhaltig, adj. (C.), *sodaic.*
Natur, f. *nature;* **-erscheinung,** f. *natural phenomenon;* **-forscher,** m. *naturalist;* **-wissenschaft,** f. *physical* or *natural science.*
Nebel, m. (P.), *fog, mist;* **-fleck,** m. *nebula.*
Nebenblatt, n. (B.), *stipule.*

Nebenschoss,) m. (B.), *sucker, side-*
Nebenspross,) *shoot.*
Nebenständig, adj. (B.), *collateral.*
Nebentheile, pl. (B.), *accessory parts.*
Nebenweibig, adj. (B.), *perigynous.*
Neigung, f. (P.), *inclination, declination;* **-sloth,** n. *axis of incidence;* **-snadel,** f. *dipping-needle;* **-swinkel,** m. *angle of inclination.*
Nenner, m. (Math.), *denominator.*
Nerve, f. (B.), *nerve.*
Nervig, adj. (B.), *nerved.*
Netzaderig, adj. (B.), *reticulated.*
Neunmännig, adj. (B.), *enneandrous.*
Neunweibig, adj. (B.), *enneagynous.*
Neusilber, n. *argentine, German silver.*
Nichtleiter, m. (P.), *non-conductor.*
Nickel, m. & n. (C.), *nickel;* **-oxyd,** n. *nickelic oxide;* **-oxydul,** n. *nickelous oxide.*
Nickend, adj. (B.), *nodding, nutant.*
Niederschlag, m. (C.), *precipitate.*
Niederschlagen, v. a. (C.), *to precipitate.*
Niere, f. (M.), *nodule.*
Nierenartig, adj. (M.), *reniform, nodular.*
Nietblumig, adj. (B.), *epigynous.*
Niobium, n. (C.), *niobium.*
Nitrate, pl. (C.), *nitrates.*
Nodus, m. (B.), *node.*
Nördlich, adv. *northerly.*
Nonandrisch, adj. (B.), *enneandrous.*
Nord, m. *north;* **-licht,** n. *aurora borealis.*
Norden, m. *north;* **nach —,** *towards the north; northwards.*
Normal, adj. *normal; standard.*
Normalgesetz, n. *general law.*
Normalgewicht, n. *standard weight.*
Nüance, f. *shade.*

Nüsschen, n. (B.), *nutlet, nucule.*
Null, f. (P.), *nought; zero;* **-grad,** m. *zero;* **-punkt,** m. *zero-mark.*
Numero, } f. *number.*
Nummer, }
Nuss, f. (B.), *nut.*

O.

Obcordisch, adj. (B.), *obcordate.*
Oberfläche, f. *surface.*
Oberhaut, f. (B.), *epidermis.*
Object, n. *object.*
Objectiv, n. *object-glass, objective.*
Octaeder, n. (M.), *octahedron.*
Octaedrisch, adj. (M.), *octahedral.*
Ocular, n. *eyepiece.*
Oel, n. (C.), *oil;* **-säure,** f. *oleic acid;* **-süss,** n. *glycerine.*
Oelbildendes Gas, n. (C.), *olefiant gas.*
Ofen, m. (C. & M.), *furnace.*
Ohrförmig, adj. (B.), *auriculate.*
Oleaginös, adj. (C.), *oleaginous, oily.*
Opalisiren, v. n. (M.), *to opalesce.*
Opalisirend, adj. (M.), *opalescent.*
Operment, n. (C.), *orpiment.*
Optik, f. (P.), *optics, light.*
Organisch, adj. (C.), *organic.*
Oscilliren, v. n. (P.), *to oscillate.*
Osmium, n. (C.), *osmium.*
Ost, m. *east.*
Oxalsäure, f. (C.), *oxalic acid.*
Oxyd, n. (C.), *oxide, sesquioxide;* **Metall-,** *metallic oxide.*
Oxydation, f. (C.), *oxidation;* **-stufe,** f. *degree of oxidation.*
Oxydhydrat, n. (C.), *hydroxide.*
Oxydiren, v. a. (C.), *to oxidize;* v. refl. *to become oxidized.*

Oxydul, n. (C.), *protoxide;* **Kupfer-,** *cuprous oxide.*
Ozon, n. (C.), *ozone.*

P.

Paarige Blüthen, pl. (B.), *geminate blossoms.*
Palladium, n. (C.), *palladium.*
Parenchym, n. (B.), *parenchyma.*
Pech, n. (C.), *pitch.*
Pellucidität, f. (M. & P.), *diaphaneity, pellucidity.*
Pendel, m. & n. (P.), *pendulum;* **-bewegung,** f. *oscillation of the pendulum;* **-linse,** f. *pendulum-bob.*
Pentaeder, n. (M.), *pentahedron.*
Pentandrisch, adj. (B.), *pentandrous.*
Perennirend, adj. (B.), *perennial.*
Pergament, n. *parchment.*
Perigynien, pl. (B.), *perigynous plants.*
Perikarpium, n. (B.), *pericarp.*
Perispermium, n. (B.), *perisperm.*
Perlasche, f. (C.), *pearl-ash.*
Perle, f. *pearl.*
Perlmutter, f. *mother of pearl;* **-glanz,** m. (M.), *pearly lustre.*
-petalisch, adj. (B.), (in comp.) *-petallous.*
Petaloidisch, adj. (B.), *petaloid.*
Petrefakten, pl. (M.), *petrifactions.*
Pfeifenerde, f. } (M.), *pipe-clay.*
Pfeifenthon, m. }
Pflanze, f. (B.), *plant;* **-nasche,** f. *vegetable ashes;* **-nfaser,** f. *vegetable fibre;* **-ngrün,** n. *chlorophyl;* **-kunde,** f. *botany;* **-nreich,** n. *vegetable kingdom;* **-nsäure,** f. (C.), *vegetable acid;* **-nsystematik,**

f. (B.), *taxonomy, classification of plants.*
Pflanzenartig, adj. (B.), *vegetable.*
Pförtchen, n. (B.), *micropyle.*
Phänomen, n. (P.), *phenomenon.*
Phanerogamen, pl. (B.), *phænogamous plants.*
Phosgen, n. (C.), *phosgene gas.*
Phosphate, pl. (C.), *phosphates.*
Phosphor, m. (C.), *phosphorous;*
-wasserstoff, m. *phosphuretted hydrogen.*
Phosphorige Säure, f. (C.), *phosphorous acid.*
Phosphorigsaures Salz, n. (C.), *phosphite.*
Phosphorsäure, f. (C.), *phosphoric acid.*
Phosphorsaures Salz, n. (C.), *phosphate.*
Phtalsäure, f. (C.), *phthalic acid.*
-phyllisch, adj. (B.), (in comp.) *-phyllous.*
Physik, f. (P.), *physics.*
Physiker, m. (P.), *physicist.*
Pikrinsäure, f. (C.), *picric acid.*
Pilz, m. (B.), *fungus.*
Pinselförmig, adj. (B.), *penicillate.*
Pistill, n. (B.), *pistil.*
Plättchen, n. (B.), *lamella.*
Plastisch, adj. (P.), *plastic.*
Platin, n. (C.), *platinum;* -schwamm, m. *platinum-sponge.*
Platte, f. (B. & M.), *lamina.*
Plutonisch, adj. (M.), *plutonic.*
Pneumatik, f. (P.), *pneumatics.*
Pochwerk, n. (M.), *stamping or crushing-mill.*
Pol, m. (P.), *pole.*
Polarisirung, f. (P.), *polarization.*
Polarität, f. (P.), *polarity.*
Politur, f. (C.), *polish.*

Politurfähig, adj. (C.), *susceptible of a polish.*
Polyandrisch, adj. (B.), *polyandrous.*
Polyginisch, adj. (B.), *polygynous.*
Porzellan, n. *porcelain.*
Potenz, f. (Math.), *power.*
Prallen, v. n. (P.), *to rebound.*
Prallwinkel, m. (P.), *angle of reflection.*
Primär, adj. (M.), *primary.*
Prisma, n. (M. & P.), *prism.*
Prismatisch, adj. (M. & P.), *prismatic.*
Probe, f. (C.), *assay.*
Procent, n. (C.), *per cent.*
Prozess, m. (C.), *operation, process.*
Prüfen, v. a. (C.), *to test.*
Pseudomorph, adj. (M.), *pseudomorphous.*
Pulver, n. *powder.*
Pulverisiren, v. a. (C.), *to pulverize.*
Pyroholzsäure, f. (C.), *pyroligneous acid.*

Q.

Quadrat, n. (Math.), *square.*
Quantität, f. *quantity.*
Quarz, m. (M.), *quartz.*
Quecksilber, n. (C.), *mercury, quicksilver;* -säule, f. (P.), *column of mercury;* -sublimat, n. (C.), *corrosive sublimate.*
Quelle, f. *spring, source.*
Quer, adj. *diagonal, cross, transverse.*
Quetschhahn, m. (C. & P), *nipper-tap.*
Quirl, m. (B.), *whorl, verticil.*
Quirlförmig, adj. (B.), *verticillate, whorled.*

R.

Rachenförmig, adj. (B.), *ringent.*
Radförmig, adj. (B.), *rotate, wheel-shaped.*
Räderwerk, n. *wheel-work.*
Rand, m. (B.), *edge, border.*
Randschweifig, adj. (B.), *repand, wavy-margined.*
Randständig, adj. (B.), *marginal.*
Ranke, f. (B.), *tendril.*
Rankend, adj. (B.), *capreolate.*
Rauch, m. *smoke;* -fang, m. *chimney, flue.*
Rauh, adj. *rough.*
Raum, m. (P.), *space;* der leere —, *vacuum;* -theil, m. *volume.*
Rauschgelb, n. (M.), *orpiment.*
Rauschgold, n. (C.), *tinsel.*
Raute, f. (Math.), *rhomb.*
Reagens, n. (C.), *reagent.*
Reaktion, f. (C.), *reaction.*
Rebe, f. (B.), *vine.*
Rechteck, n. (Math.), *rectangle, parallelogram.*
Recipient, m. (C. & P.), *receiver.*
Reduciren, v. a. (C.), *to reduce.*
Reflexion, f. (P.), *reflection;* -sperpendikel, m. *perpendicular of reflection, normal.*
Regen, m. *rain.*
Regenschirmförmig, adj. (B.), *umbraculiform.*
Regulinisch, adj. (C.), *reguline, pure.*
Reibung, f. (P.), *friction.*
Reihe, f. (C.), *series.*
Rein, adj. (C.), *pure;* chemisch —, *chemically pure.*
Rektificiren, v. a. (C.), *to rectify, to purify by distillation.*
Resinös, adj. (C.), *resinous.*
Retorte, f. (C.), *retort.*

Rhodanwasserstoffsäure, f. (C.), *sulphocyanic acid.*
Rhodanverbindungen, pl. (C.), *sulphocyanates.*
Rhodium, n. (C.), *rhodium.*
Rhombisch, adj. (M.), *rhombic.*
Rhomboeder, n. (M.), *rhombohedron.*
Richtschnur, f. *plumb-line.*
Richtung, f. (P.), *direction.*
Rinde, f. (B.), *bark.*
Rindenartig, adj. (B.), *cortical.*
Rippe, f. (B.), *rib.*
Rispe, f. (B.), *panicle.*
Röhrchen, n. (C.), *tube;* Probir-, n. *test-tube.*
Röhre, f. (C.), *tube, pipe.*
Rösten, v. a. (M.), *to roast, to burn.*
Roh, adj. *raw, crude; rough.*
Roheisen, n. (M.), *raw iron, pig-iron.*
Roherzeugnisse, pl. (C.), *raw products.*
Rohr, n. (C.), *tube;* Löth-, *blow-pipe;* (B.), *reed.*
Rohschwefel, m. (C.), *native sulphur.*
Rohstoff, m. (C.), *raw material.*
Rollenförmig, adj. (B.), *trochlear.*
Rost, m. (C.), *rust;* (B.), *blight, mildew.*
Rosten, v. a. (C.), *to rust.*
Rotation, f. (P.), *rotation;* -sbewegung, f. *rotatory motion.*
Rothbrüchig, adj. (Tech.), *red-short.*
Rothglühend, adj. *red-hot, at a red-heat.*
Rothglühhitze, f. *red-heat.*
Rothliegende, n. (M.), *lower new red sandstone.*
Rotiren, v. n. (P.), *to rotate.*
Rubin, m. (M.), *ruby.*
Rückennaht, f. (B.), *dorsal suture.*

Rückenständig, adj. (B.), *dorsal*.
Rückgängig, adj. (P.), *retrograde*.
Rückprall, m. (P.), *reverberation*.
Rückschlag, m. (P.), *rebound*.
Rückstand, m. (C.), *residuum*.
Rückwärtsgebogen, adj. (B.), *reflexed*.
Rückwirkung, f. (P.), *reaction, retroaction*.
Ruhe, f. (P.), *rest*.
Rund, adj. (P.), *round;* (B.), *rotund*.
Russ, m. *soot*.
Ruthenförmig, adj. (B.), *virgate*.
Ruthenium, n. (C.), *ruthenium*.

S.

Saat, f. (B.), *sowing*.
Sackfrucht, f. (B.), *sporangium*.
Sägeartig, } adj. (B.), *serrate*.
Sägezähnig, }
Sättigen, v. a. (C.), *to saturate*.
Sättigung, f. (C.), *saturation*.
Säuern, v. a. (C.), *to acidify*.
Säule, f. (P.), *pile; column*.
Säure, f. (C.), *acid*.
Saft, m. (B.), *sap;* -gang, m. *sap-duct*.
Saftvoll, adj. (B.), *succulent*.
Salicylsäure, f. (C.), *salicylic acid*.
Salmiak, m. (C.), *sal-ammoniac*.
Salpeter, m. (C.), *saltpetre;* -säure, f. *nitric acid*.
Salpetersaures Salz, n. (C.), *nitrate*.
Salz, n. (C.), *salt;* Koch-, n. *common salt;* Bitter-, n. *Epsom salts;* -bilder, m. *haloide;* -kuchen, m. *salt-cake;* -säure, f. *muriatic acid*.
Salzig, adj. (C.), *saline*.
Salzsaures Salz, n. (C.), *chloride*.
Same, } m. (B.), *seed;* -balg, m.
Samen, } *aril;* -boden, m. *pla-*

centa; -haut, f. *testa;* -kern, m. *nucleus;* -lappen, m. *cotyledon;* -naht, f. *raphe;* -träger, m. *placenta*.
-samig, adj. (B.), (in comp.) *-spermous*.
Sammellinse, f. (P.), *converging lens*.
Sammlung, f. *collection*.
Sand, m. *sand;* -bad, n. (C.), *sand-bath*.
Satz, m. (C.), *set;* ein — Bechergläser, *a nest of beakers*.
Sauer, adj. (C.), *acid*.
Sauerbrunnen, m. *mineral spring*.
Sauerstoff, m. (C.), *oxygen*.
Schacht, m. (M.), *shaft*.
Schärfe, f. *sharpness; exactness*.
Schaft, m. (B.), *scape*.
Schaftförmig, adj. (B.), *scapiform*.
Schale, f. (B.), *shell; husk;* (C.), *evaporating-dish*.
Schalig, adj. (B.), *tunicate*.
Schall, m. (P.), *sound; acoustics;* -boden, m. *sounding-board*.
Scharf, adj. (P.), *sharp; pungent*.
Schaufel, f. *float; paddle*.
Schaum, m. *foam, froth*.
Schaustufe, f. (M.), *fine specimen of ore*.
Scheibe, f. (B.), *disk*.
Scheibenförmig, adj. (B.), *disciform*.
Scheide, f. (B.), *sheath*.
Scheiden, v. a. (C.), *to separate*.
Scheidetrichter, m. (C.), *separating-funnel*.
Scheidewand, f. (B.), *septum*.
Scheidewasser, n. (C.), *aqua fortis*.
Scheidung, f. (C.), *separation*.
Scheitel, m. (Math.), *vertex, apex*.
Schenkel, m. (Math.), *side, leg*.
Schicht, f. (M.), *stratum, layer;* -gesteine, pl. *stratified rocks*.

Schichten, v. a. (M.), *to stratify.*
Schichtung, f. (M.), *stratification.*
Schief, adj. *inclined.*
Schiefer, m. (M.), *slate, schist.*
Schieferartig, adj. (M.), *schistose.*
Schiefflächig, adj. (B.), *oblique.*
Schiessbaumwolle, f. (C.), *guncotton.*
Schiffchen, n. (B.), *carina;* (C.), *boat, nacelle.*
Schildförmig, adj. (B.), *peltate.*
Schimmernd, adj. (M.), *glimmering.*
Schlacke, f. (M.), *slag, dross, scoria.*
Schlämmen, v. a. (C.), *to separate fine from coarse particles by washing.*
Schlag, m. (P.), *shock;* Donner-, m. *clap of thunder.*
Schlange, f. } (C.), *worm of a still.*
Schlangenrohr, n. }
Schlauch, m. (C.), *hose, pipe;* (B.), *utricle;* -gefäss, n. *utricular duct.*
Schleifen, v. a. *to grind; to cut.*
Schleimsäure, f. (C.), *mucic acid.*
Schliessfrucht, f. (B.), *achenium.*
Schlingpflanzen, pl. (B.), *creepers, climbers.*
Schlund, m. (B.), *faux, throat.*
Schmalte, f. (C.), *smalt.*
Schmalz, n. (C.), *lard.*
Schmarotzer, m. (B.), *parasite.*
Schmelzen, v. a. & v. n. (P.), *to melt; to smelt.*
Schmelzglas, n. (C.), *enamel.*
Schmelzpunkt, m. (C. & P.), *melting-point.*
Schmelzung, f. (C.), *fusion;* -smittel, n. *flux.*
Schmergel, m. (M.), *emery.*
Schmetterlingsblumen, pl. (B.), *papilionaceous flowers.*

Schmieren, v. a. *to smear, to grease, to oil.*
Schminke, f. (C.), *rouge.*
Schnee, m. *snow;* -grenze, f., -linie, f., *the line of perpetual snow.*
Schnitt, m. (Math.), *section.*
Schoss, m. (B.), *shoot.*
Schote, f. (B.), *pod.*
Schräg, adj. *oblique.*
Schraube, f. *screw.*
Schroten, v. a. (C.), *to bruise* (malt).
Schraubenförmig, adj. (B.), *spiral.*
Schüsselförmig, adj. (B.), *scutellate.*
Schwamm, m. *sponge;* (B.), *fungus.*
Schwefel, m. (C.), *sulphur, brimstone;* -blumen, pl. *flowers of sulphur;* -kies, m. (M.), *iron pyrites;* -metalle, pl. (C.), *sulphides;* -säure, f. *sulphuric acid;* -verbindung, f. *sulphide;* -wasserstoff, m. *sulphuretted hydrogen.*
Schwefeln, v. a. (C.), *to sulphurate.*
Schwefelsaures Salz, n. (C.), *sulphate.*
Schweflige Säure, f. (C.), *sulphurous acid.*
Schwefligsaures Salz, n. (C.), *sulphite.*
Schwere, f. (P.), *gravity.*
Schwerflüssig, adj. (C.), *refractory.*
Schwerkraft, f. (P.), *force of gravity.*
Schwerpunkt, m. (P.), *centre of gravity.*
Schwerspath, m. (M.), *heavy spar.*
Schwertförmig, adj. (B.), *ensiform.*
Schwingung, f. (P.), *oscillation, vibration;* -sbauch, m. *loop, ventral segment;* -sbewegung, f. *oscillatory motion;* -sdauer, f. *duration of oscillation;* -sknoten, m. *node;* -sweite, f. *amplitude;* -szahl, f. *number of oscillations.*

Sechseck, n. (Math.), *hexagon.*
Sechsflächner, n. (Math.), *hexahedron.*
Sedimentär, adj. (M.), *sedimentary.*
Sehachse, f. (P.), *axis of vision.*
Sehlinie, f. (P.), *line of sight.*
Sehwinkel, m. (P.), *visual angle.*
Sehne, f. (Math.), *chord.*
Seide, f. *silk;* -**nglanz**, m. (M.), *silky lustre.*
Seife, f. *soap;* (M.), *buddle;* -**nstein**, m. *soapstone;* -**nthon**, m. *saponaceous clay.*
Seignettesalz, n. (C.), *tartrate of potash and soda.*
Seiten-, (in comp.) *lateral.*
-**seitig**, adj. (in comp.) -*lateral.*
Sekante, f. (Math.), *secant.*
Selen, n. (C.), *selenium;* -**metall**, n. *selenide;* -**säure**, f. *selenic acid.*
SelenigeSäure, f. (C.), *selenious acid.*
Selten, adj. (M.), *rare.*
Senf, m. (C.), *mustard;* -**öl**, n. *oil of mustard.*
Senkung, f. (P.), *inclination.*
Sichelförmig, adj. (B.), *falcate.*
Sicherheitsventil, n. (P.), *safety-valve.*
Siebartig, adj. (B.), *cribrose.*
Sieben-, adj. (in comp.) *hepta-.*
Siede, f. *seething;* -**punkt**, m. (C. & P.), *boiling-point.*
Siegellack, n. *sealing-wax.*
Silber, n. (C.), *silver;* -**blei**, n. (M.), *argentiferous lead;* -**verbindungen**, pl. (C.), *argentic compounds.*
Silicium, n. (C.), *silicon.*
Sinter, m. (M.), *sinter.*
Sinus, m. (Math.), *sine.*
Smalte, f. *smalt.*
Smaragd, m. (M.), *emerald.*
Soda, f. (C.), *soda, soda-ash.*

Sohle, f. *sole, bottom;* (C.), *brine.*
Sonne, f. *sun;* -**nbahn**, f. *ecliptic.*
Spalt, m. } (M.), *crevice, fissure.*
Spalte, f. }
Spaltbarkeit, f. (M.), *cleavage.*
Spalten, v. a. (M.), *to cleave.*
-**spaltig**, adj. (P.), (in comp.) -*fid.*
Spannung, f. (P.), *tension.*
Spath, m. (M.), *spar;* -**eisenstein**, m. *spathose iron ore.*
Species, f. (B. & M.), *species.*
Specifisch, adj. (P.), *specific.*
Speckstein, m. (M.), *steatite, soapstone.*
Speerförmig, adj. (B.), *lanceolate.*
Speisen, v. a. (Tech.), *to feed, to supply.*
Speiskobalt, m. (M.), *smaltine.*
Spektrum, n. (P.), *spectrum.*
Spelze, f. (B,), *palea.*
Spelzenartig, adj. (B.), *glumaceous.*
Spezerei, f. *spices.*
Sphäre, f. *sphere.*
Sphärisch, adj. (P.), *spherical.*
Spiegel, m. (P.), *mirror; speculum;* -**bild**, n. *reflected image;* -**eisen**, n. (M.), *specular iron;* -**metall**, n. *specular metal.*
Spiegeln, v. a. & refl. (P.), *to reflect, to mirror.*
Spiegelung, f. (P.), *reflection, mirage.*
Spielraum, m. (P.), *room; play; scope.*
Spiessförmig, adj. (B.), *hastate.*
Spiessglanz, m. (M.), *antimony.*
Spindelförmig, adj. (B.), *fusiform, spindel-shaped.*
Spiral, adj. (B.), *spiral;* -**ständig**, adj. *arranged in a spiral.*
Spiritus, m. (C.), *spirit.*
Spitz, adj. (B.), *pointed, acute;* -**endig**, adj. *apiculate;* (Math.), -**er Winkel**, *acute angle.*

Spitze, f. *point; top; apex.*
Splitterig, adj. (M.), *splintery.*
Spore, f. (B.), *spore, sporule;* -behälter, m. *sporangium.*
Sporn, m. (B.), *spur.*
Sprengen, v. a. *to burst.*
Sprengpulver, n. *blasting-powder.*
Spreu, f. *chaff;* -ästchen, n. (B.), *rament.*
Spreublätterig, adj. (B.), *paleate.*
Spriessen, v. n. (B.), *to sprout.*
Springbrunnen, m. *fountain.*
Spritzflasche, f. (C.), *wash-bottle.*
Spröde, adj. (M.), *brittle.*
Sprödigkeit, f. (P.), *brittleness.*
Sprossen, v. n. (B.), *to sprout.*
Sprossend, adj. (B.), *proliferous.*
Sprosser, m. (B.), *stolon.*
Sprossung, f. (B.), *germination.*
Sprudel, m. *bubbling wells;* -stein, m. (M.), *calcareous tufa.*
Spülen, v. a. (C.), *to wash out; to rinse.*
Spur, f. (C.), *trace.*
Stab, m. *rod.*
Stachel, m. (B.), *thorn.*
Stämmchen, n. (B.), *caudicle.*
Stärke, f. } (B.), *starch.*
Stärkemehl, n. }
Stärkemehlartig, adj. (B. & C.), *amylaceous.*
Stahl, m. *steel.*
Stalagmit, m. (M.), *stalagmite.*
Stalaktit, m. (M.), *stalactite.*
Stamen, n. (B.), *stamen.*
Stamm, m. (B.), *trunk; stem;* -art, f. *primary species.*
Stammlos, adj. (B.), *acaulescent.*
Stampfmühle, f. *stamping-mill.*
Stange, f. *rod;* -nschwefel, m. *roll-brimstone.*
Stativ, n. *stand, support.*

Stattfinden, v. n. (C. & P.), *to take place.*
Staub, m. *dust;* (B.), *pollen;* -beutel, m. *anther;* -blatt, n. *stamen;* -faden, m. *filament;* -gefäss, n. *stamen;* -weg, m. *style.*
Stearin, m. (C.), *stearine;* -säure, f. *stearic acid.*
Stechheber, m. (C. & P.), *pipette.*
Stechend, adj. (C.), *pungent.*
Stein, m. (M.), *stone;* -frucht, f. (B.), *drupe;* -kohle, f. (M.), *hard coal;* -öl, n. *rock-oil; petroleum;* -salz, n. *rock-salt.*
Stellung, f. (P.), *position.*
Stempel, m. *pestle;* (B.), *pistil;* (P.), *piston.*
Stengel, m. (B.), *stem, stalk.*
Stengelchen, n. (B.), *caulicle.*
Stengelförmig, adj. (B.), *cauliform.*
Stengellos, adj. (B.), *acaulescent.*
Stengelständig, adj. (B.), *cauline.*
Stengelumfassend, adj. (B.), *amplexicaul.*
Stern, m. *star;* ein — erster Grösse, *a star of the first magnitude;* -bild, n. *constellation;* -kunde, f. *astronomy;* -schnuppe, f. *shooting star;* -warte, f. *observatory.*
Sternförmig, adj. (B.), *stellate.*
Stickoxyd, n. (C.), *nitric oxide.*
Stickoxydul, n. (C.), *nitrous oxide.*
Stickstoff, m. (C.), *nitrogen.*
Stickstoffhaltig, adj. (C.), *nitrogenous.*
Stiel, m. (B.), *pedicle; petiole.*
Stielchen, n. (B.), *stipule.*
Stiellos, adj. (B.), *sessile.*
Stielrund, adj. (B.), *terete.*
Stigma, n. (B.), *stigma.*
Stimme, f. *voice.*

Stimmgabel, f. (P.), *tuning-fork.*
Stöchiometrie, f. (C.), *stochiometry.*
Störung, f. (Astron.), *perturbation.*
Stoff, m. (P.), *matter.*
Stollen, m. (M.), *stulm, gallery of a mine.*
Stopfbüchse, f. *stuffing-box.*
Stoss, m. (P.), *impact; blow, shock.*
Stossen, v. a. *to knock, to hit;* v. n. (P.), *to impinge.*
Strahl, m. (P.), *ray, beam;* —enbrechung, f. *refraction of rays of light;* —enbüschel, n. *pencil of rays.*
Strahlen, v. n. (P.), *to beam.*
Strahlig, adj. (B.), *radiate;* (M.), *striated.*
Strahlung, f. (P.), *radiation.*
Strauch, m. (B.), *shrub.*
Strauchartig, adj. (B.), *fruticose, shrubby.*
Strauss, m. (B.), *thyrsus.*
Strecke, f. (P.), *tract, distance.*
Strom, m. (P.), *current; stream.*
Strontian, m. (C.), *strontia.*
Strontium, n. (C.), *strontium;* —oxyd, n. *strontic oxide.*
Stütze, f. (P.), *fulcrum; support.*
Stufe, f. (M.), *specimen of ore;* —nerz, n. *ore in pieces.*
Stumpf, adj. (Math.), *obtuse.*
Stumpfwinkelig, adj. (Math.), *obtuse-angular.*
Sturm, m. *storm.*
Sublimat, n. (C.), *sublimate.*
Sublimiren, v. a. (C.), *to sublimate.*
Substanz, f. (C.), *substance.*
Substituirung, } f. (C.), *substitution,*
Substitution, } *replacement.*
Subtrahiren, v. a. (Math.), *to subtract.*

Süd, m. (P.), *south;* —licht, n. *aurora australis.*
Sulfate, pl. (C.), *sulphates.*
Sulfid, n. (C.), *sulphide;* Eisen—, n. *ferric sulphide.*
Sulfür, n. (C.), (in comp.) Eisen—, *ferrous sulphide.*
Summa, f. *sum, total.*
Sumpf, m. *marsh;* —gas, n. (C.), *marsh-gas.*
Symbol, n. (C.), *symbol.*
System, n. (B.), *system.*

T.

Tabelle, f. *table.*
Talg, m. *tallow.*
Talk, m. (M.), *talc;* —erde, f. *magnesia;* —schiefer, m. *talcose slate.*
Tang, m. *sea-weed;* —asche, f. *kelp.*
Tangente, f. (Math.), *tangent.*
Tantal, n. (C.), *tantalum.*
Tellerförmig, adj. (B.), *hypocrateriform, salver-shaped.*
Tellur, n. (C.), *tellurium.*
Temperatur, f. (P.), *temperature.*
Terpentin, m. (C.), *turpentine;* —geist, m. *spirits of turpentine.*
Tertiär, adj. (M.), *tertiary.*
Tesseral, adj. (M.), *tesseral.*
Tetraëder, n. (Math.), *tetrahedron.*
Thallium, n. (C.), *thallium.*
Thau, m. *dew;* —messer, m. (P.), *drosometer;* —punkt, m. *dew-point* (the temperature at which dew is deposited).
Theer, m. (C.), *tar;* —farben, pl. *coal-tar colors.*
Theil, m. *part;* —zähler, m. (Math.), *quotient.*
Theilbarkeit, f. (P.), *divisibility, separability.*

Theilchen, n. (P.), *particle.*
Theilung, f. (P.), *division;* **-szahl,** f. (Math.), *dividend.*
Thein, n. (C.), *theine, cafeine.*
Theoretisch, adj. *theoretical.*
Theorie, f. *theory.*
Thermen, pl. *hot-springs.*
Thermometer, m. (P.), *thermometer;* **-kugel,** f. *bulb of thermometer.*
Thier, n. *animal;* **-pflanze,** f. *zoöphyte;* **-reich,** n. *animal kingdom.*
Thierisch, adj. *animal.*
Thon, m. (M.), *clay;* **-erde,** f. (C.), *alumina;* **-gestein,** n. (M.), *argillaceous rock;* **-schiefer,** m. *clay slate, argillaceous shale.*
Thonartig, } adj. (M.), *argillace-*
Thonhaltig, } *ous.*
Thorium, n. (C.), *thorium.*
Tiegel, m. (C.), *crucible;* **-zange,** f. *crucible-tongs.*
Tinte, f. *ink.*
Tischlein, n. (P.), *stage* (of a microscope).
Titan, n. (C.), *titanium;* **-säure,** f. *titanic acid.*
Titriren, v. n. (C.), *to titrate.*
Titrirung, f. (C.), *titration, volumetric analysis.*
Tönen, v. n. (P.), *to sound, to yield a sound.*
Tönend, adj. (P.), *sounding, sonorous.*
Töpfer, m. *potter;* **-erde,** f. (M.), *potter's clay.*
Tomback, m. *tombac, pinchbeck.*
Ton, m. (P.), *tone, note;* **-abstand,** m. *interval;* **-farbe,** f. *timbre;* **-lehre,** f. *acoustics.*
Träge, adj. (P.), *inert.*
Träger, m. (P.), *vehicle;* (B.), *filament.*

Trägheit, f. (P.), *inertia;* **-skraft,** f. *vis inertiae.*
Traganth, m. (C.), *tragacanth* (a gum).
Tragweite, f. (P.), *range.*
Transmittiren, v. a. (P.), *to transmit.*
Trapez, n. (Math.), *trapezium.*
Trapp, m. (M.), *trap;* **-gebirge,** pl. *trap-rocks.*
Traube, f. (B,), *raceme; grapes;* **-nzucker,** m. (C.), *grape-sugar, glucose.*
Traubenartig, } adj. (M.), *botryoi-*
Traubenförmig, } *dal.*
Treffen, v. a. (P.), *to strike, to hit.*
Treibeis, n. *drift-ice.*
Treiben, v. a. (P.), *to propel; to set in motion; to drive.*
Treibkraft, f. (P.), *motive force.*
Trennen, v. a. (C.), *to separate.*
Trennung, f. (C.), *separation.*
Treppenförmig, adj. (B.), *scalariform.*
Trichter, m. (C.), *funnel.*
Trieb, m. (B.), *sprout;* (P.), *impulse;* **-kraft,** f. *mechanical power.*
Trocken, adj. *dry.*
Trocknen, v. a. (C.), *to dry.*
Trommel, f. *drum, tympanum.*
Tropen, pl. *tropics.*
Tropfbar, adj. (P.), *liquid;* **eine -e Flüssigkeit,** *a liquid, an inelastic fluid.*
Tropfen, m. *drop.*
Tropffleckig, adj. (B.), *guttate, spotted.*
Tropfstein, m. (M.), *stalactite.*
Trübe, adj. (C.), *turbid, cloudy.*
Tünche, f. *white-wash.*
Tusch, m. *India ink.*
Tutenförmig, adj. (B.), *convolute.*

U.

Ueber-, (C.), (in comp.), *per-, super-.*
Uebergang, m. (P.), *transition;* **-sgebirge,** n. (M.), *transition-rocks.*
Uebergehen, v. n. (P.), *to pass (over); to change.*
Uebergerollt, adj. (B.), *convolute.*
Uebersättigt, adj. (C.), *oversaturated.*
Ueberschuss, m. (C.), *excess.*
Ueberziehen, v. refl. (C. & M.), **sich —,** *to become coated, — covered, — incrusted.*
Ueberzug, m. (C. & M.), *coating, incrustation.*
Ulminsäure, f. (C.), *ulmic acid.*
Umgebogen, adj. (B.), *retroflex.*
Umdrehen, v. refl. (P.), **sich —,** *to rotate, to revolve.*
Umdrehung, f. (P.), *rotation;* **-sbewegung,** f. *rotatory motion;* **-spunkt,** m. *centre of rotation.*
Umfang, m. (Math.), *circumference; perimeter.*
Umgekehrt, adj. *reversed;* (B.), *resupinate, inverted;* (Math.), *inverse, inversely;* **-herzförmig,** adj. (B.), *obcordate.*
Umhüllungs-Pseudomorphosen, pl. (M.), *pseudomorphs by incrustation.*
Umkehren, v. a. (Math.), *to invert.*
Umkreis, m. *circuit;* (Math.), *perimeter.*
Umlauf, m. (P.), *rotation, revolution, circulation;* **-szeit,** f. *time of rotation, period.*
Umriss, m. *sketch, outline.*
Umwandlungs-Pseudomorphosen, pl. (M.), *pseudomorphs by alteration.*

Unbehaart, adj. (B.), *glabrous.*
Unberändert, adj. (B.), *inimarginate.*
Unbeständig, adj. (C.), *unstable.*
Unbestimmt, adj. (B.), *indefinite.*
Undeutlich, adj. (B.), *invisible, indistinct.*
Unbeweglich, adj. (P.), *immovable, fixed.*
Undurchsichtig, adj. (P.), *opaque.*
Unendlich, adv. *infinitely;* **eine — kleine Grösse,** *an infinitesimal quantity.*
Ungehüllt, adj. (B.), *naked.*
Ungelöscht, adj. (C.), *unslaked;* **-er Kalk,** m. *quick-lime.*
Ungestielt, adj. (B.), *sessile.*
Ungezahnt, adj. (B.), *edentate.*
Ungleichartig, adj. *heterogeneous.*
Ungleichblätterig, adj. (B.), *heterophyllous.*
Ungleichhälftig, adj. (B.), *dimidiate.*
Ungleichseitig, adj. (Math.), *scalene.*
Unlöslich, adj. (C.), *insoluble.*
Unterabart, f. (B.), *sub-variety.*
Unterabtheilung, f. (B.), *subdivision.*
Unterbrechen, v. a. (P.), *to interrupt, to break.*
Unterbrochen-gefiedert, adj. (B.), *interruptedly pinnate.*
Unterchlorige Säure, f. (C.), *hypochlorous acid.*
Untergährung, f. (C.), *sedimentary fermentation.*
Untergattung, f. (B.), *sub-genus.*
Unterhefe, f. (B. & C.), *sedimentary yeast.*
Unterlage, f. (M.), *substratum;* (P.), *support, basis.*
Unterphosphorige Säure, f. (C.), *hypophosphorous acid.*

Unterphosphorsäure, f. (C.), *hypophosphoric acid.*
Untersalpetersäure, f. (C.), *nitric peroxide.*
Unterschlächtig, adj. (P.), *undershot.*
Unterschweflige Säure, f. (C.), *hyposulphurous acid.*
Unterständig, adj. (B.), *inferior.*
Unterstützung, f. *support;* -spunkt, m. (P.), *fulcrum.*
Untertassenförmig, adj. (B.), *hypocrateriform.*
Unterweibig, adj. (B.), *hypogynous.*
Unterwinkelständig, adj. (B.), *infra-axillary.*
Untheilbarkeit, f.(P.), *indivisibility.*
Unvollkommen, adj. (B.), *imperfect.*
Unvollständig, adj. (B.), *incomplete.*
Unwägbar, adj. (P.), *imponderable.*
Unze, f. *ounce.*
Unzerlegbar, adj. (C.), *undecomposable, not decomposed.*
Unzerstörbar, adj. (C.), *indestructible.*
Uran, n. (C.), *uranium.*
Uranfänglich, adj. (B.), *primordial.*
Urgebirge, n. (M.), *primitive mountains or rocks.*
Urgestein, n. (M.), *primitive rock.*
Urin, m. *urine;* -stoff, m. (C.), *urea.*
Ursache, f. *cause.*
Urschicht, f. (M.), *primitive stratum.*
Ursprung, m. *source, origin.*
Urwald, m. (B.), *primeval forest.*

V.

Vanadin, n. (C.), *vanadium.*
Varek-Soda, f. (C.), *soda prepared from kelp.*
Ventil, n. *valve.*

Veränderung, f. (C.), *change.*
Verästelung, f. (B.), *ramification.*
Verarbeiten, v. a. (C.), *to work up (material).*
Verbinden, v. refl. (C.), *sich —, to combine.*
Verbindung, f. (C.), *combination, union; compound;* -sgewicht, n. *combining weight (atomic weight);* eine gesättigte —, *a saturated compound.*
Verblüht, adj. (B.), *deflorate.*
Verbrauch, m. *consumption.*
Verbreiten, v. a. (P.), *to disseminate, to dispense, to propagate.*
Verbreitet, adj. (C.), sehr — sein, *to be widely distributed, to be very abundant.*
Verbrennen, v. a. & n. (C.), *to burn.*
Verbrennung, f. (C.), *combustion.*
Verbundenblätterig, adj. (B.), *gamophyllous; gamosepalous; gamopetalous.*
Verdampfung, f. (C. & P.), *evaporation.*
Verdichten, v. a. (P.), *to condense.*
Verdichtung, f. (C. & P.), *condensation;* -sapparat, m. *condenser.*
Verdickung, f. (C.), *thickening, inspissation;* -smittel, n. *thickening-ingredient.*
Verdrängung, f. (C. & M.), *replacement;* -s-Pseudomorphosen, pl. (M.), *pseudomorphs by replacement.*
Verdünnen, v. a. (C.), *to dilute.*
Verdünnt, adj. (C.), *dilute;* (P.), *rare, rarified.*
Verdunsten, v. n. (C. & P.), *to evaporate.*
Verdunstung, f. (C. & P.), *evaporation.*

Vereinigen, v. refl. (C.), **sich —**, to combine, to enter into a union with.
Vereinigung, f. (C. & P.), union, combination.
Verfälschung, f. adulteration.
Verfahren, n. (C.), process.
Verfaulen, v. n. (C.), to putrefy, to rot.
Verflüchtigen, v. refl. (C.), **sich —**, to volatilize.
Vergasbar, adj. (C.), capable of being converted to a gas.
Vergasung, f. (C. & P.), gasification, converting to a gas.
Vergleich, m. comparison.
Vergolden, v. a. (C.), to gild.
Vergrösserung, f. (P.), increase; magnification.
Verhältniss, n. (C. & Math.), ratio, proportion; **nach festen -en**, (C.), in definite proportions; **im — von zwei zu drei**, (Math.), in the ratio of two to three.
Verhalten, v. refl. to act, to behave; (Math.), to stand in a ratio, to be.
Verhalten, n. (C.), behavior.
Verkalken, v. a. (C.), to calcine.
Verkehrt, adj. inverted; **-eirund**, adj. (B.), obovate; **-flächig**, adj. resupinate; **-herzförmig**, adj. obcordate.
Verknistern, v. n. (C.), to decrepitate.
Verkohlen, v. a. (C.), to carbonize.
Verlöschen, v. a. (C.), to extinguish.
Verlust, m. loss; **Gewichts-**, loss in or of weight.
Vernichten, v. a. (P.), to annihilate, to destroy.
Verpuffen, v. n. (C.), to detonate, to fulminate.
Verpulvern, v. a. (C.), to pulverize.

Verschieden, adj. different; **-artig**, adj. dissimilar, heterogeneous; **-blättrig**, adj. (B.), heterophyllous; **-ehig**, adj. heterogamous; **-farbig**, adj. versicolor; **-gestaltet**, adj. heteromorphous.
Verseifen, v. a. (C.), to saponify.
Verseifung, f. (C.), saponification.
Versilbern, v. a. (C.), to silver; to plate.
Verstärken, v. a. (C.), to concentrate; (P.), to strengthen, to increase.
Versteinerung, f. (M.), petrifaction; **-skunde**, f. paleontology.
Versuch, m. (C. & P.), experiment; **-e anstellen**, to make experiments.
Verwachsen, adj. (B.), connate; **-beutelig**, adj. synantherous; **-blättrig**, adj. gamophyllous; gamopetalous; gamosepalous.
Verwandeln, v. a. (C. & P.), to change, to convert; v. refl. **sich —**, to change, to become converted.
Verwandtschaft, f. (C.), affinity.
Verwittern, v. n. (C.), to effloresce.
Verwittert, adj. (C. & M.), weathered, decomposed by exposure to climatic influences.
Verzweigung, f. (B. & M.), ramifications.
Vibriren, v. n. (P.), to vibrate.
Viel-, (B.), (in comp.) multi-, poly-; z. B. **-blättrig**, adj. polyphyllous; polypetalous; polysepalous; **-blüthig**, adj. multiflorous; **-brüderig**, adj. polyadelphous; **-ehig**, adj. polygamous; **-fächerig**, adj. multilocular; **-kantig**, adj. multangular; **-kapselig**, adj. multicapsular; **-männig**, adj. polyandrous; **-reihig**, adj. multiserial; **-samenlappig**, adj. polycotyledo-

nous; **-samig,** adj. *polyspermous;*
-spaltig, adj. *multifid.*
Vielfach, adj. *manifold; frequent;*
— **getheilt,** adj. (B.), *multifid.*
Vielfarbig, adj. (P.), *polychromatic.*
Vielflächig, adj. (Math.), *polyhedral.*
Vielseitig, adj. (Math.), *polygonal.*
Vier, adj. *four;* (B.), (in comp.) *tetra-, quadri-;* (Math.), **-eckig,** adj. *quadrangular;* **-flächig,** adj. *tetrahedral;* **-seitig,** adj. *quadrilateral;* **-winkelig,** adj. *quadrangular.*
Vollkommen, adj. (B.), *perfect.*
Vollständig, adj. (B.), *complete.*
Vorgang, m. (C.), *process.*
Vorkommen, v. n. (C.), *to occur.*
Vorkommen, n. (C.), *occurrence.*
Vorlage, f. (C.), *recipient, receiver.*
Vorprüfung, f. (C.), *preliminary tests.*
Vorstoss, m. (C.), *adapter.*
Vulkan, m. (M.), *volcano.*
Vulkanisch, adj. (M.), *volcanic.*

W.

Wachs, n. (C.), *wax;* **-tuch,** n. *oilcloth.*
Wachsen, v. n. (B.), *to grow;* (P.), *to increase.*
Wachsthum, n. (B.), *vegetation; growth.*
Wägbar, adj. (P.), *ponderable.*
Wägen, v. a. (C. & P.), *to weigh.*
Wärme, f. (P.), *heat;* **-grad,** m. *degree of temperature;* **-leiter,** m. *conductor of heat;* **-magnetismus,** m. *thermo-magnetism;* **-messer,** m. *calorimeter;* **-stoff,** m. *caloric.*
Wässerig, adj. (C.), *aqueous.*
Wage, f. (C. & P.), *balance; scales;*
-balken, m. *beam of balance;*
-schale, f. *pan of balance.*
Wagerecht, adj. (P.), *level, horizontal.*
Waid, m. *dyer's woad.*
Wald, m. (B.), *forest.*
Wallrath, m. (C.), *spermaceti.*
Walze, f. *roller; cylinder.*
Walzenförmig, adj. *cylindrical.*
Wand, f. *wall; side; partition.*
Wanderung, f. *wandering;* **Atom-,** (C.), *atomic interchange.*
Warzig, adj. (B.), *verrucose.*
Waschen, v. a. (C. & M.), *to wash.*
Waschen, n. (M.), *elutriation.*
Waschwasser, n. (C.), *wash-water.*
Wasser, n. *water;* **-dampf,** m. (P.), *steam, aqueous vapor;* **-druck,** m. *hydraulic pressure;* **-hose,** f. *water-spout;* **-kitt,** m. *hydraulic cement;* **-kraft,** f. *water-power;* **-rad,** n. *water-wheel;* **-schaufeln,** pl. *float-boards* (of water-wheel); **-stand,** m. *height of the water;* **-stoff,** m. (C.), *hydrogen;* **-strahl,** m. *jet of water.*
Wasserdicht, adj. *water-tight.*
Wasserfrei, adj. (C.), *anhydrous.*
Wasserhaltig, adj. (C. & M.), *hydrous.*
Wechselständig, adj. (B.), *alternate.*
Wechselwirkung, f. (C. & P.), *reciprocal action.*
Wechselwirthschaft, f. (B.), *rotation of crops.*
Weg, m. (C. & P.), *way;* (P.), *distance.*
Weibemännig, adj. (B.), *gynandrous.*
-weibig, adj. (B.), (in comp.) *-gynous.*
Weibliche Blüthen, pl. (B.), *female flowers.*

Weich, adj. *soft;* **-haarig**, adj. (B.), *pubescent.*
Wein, m. *wine;* (B.), *grape-vine;* **-geist**, m. (C.), *spirits of wine, alcohol;* **-säure**, f. *tartaric acid;* **-stein**, m. *tartar, argols;* **-steinsäure**, f. *tartaric acid.*
Weite, f. (P.), *amplitude.*
Welle, f. (P.), *wave, undulation; barrel, roller, cylinder;* **-nbewegung**, f. *wave-motion.*
Wellenförmig, adj. (P)., *undulatory.*
Welt, f. *(the) world;* **-all**, n. *universe;* **-ball**, m. *(the) globe.*
Wendekreis, m. *tropic.*
Werkzeug, n. *implement, tool.*
Wetter, n. *weather;* **-kunde**, f. *meteorology;* **schlagende —**, pl. *firedamp.*
Widerdruck, m. (P.), *counter-pressure.*
Widerstand, m. (P.), *resistance.*
Wiederhall, m. (P.), *echo.*
Wimperig, adj. (B.), *ciliate.*
Wind, m. *wind;* **-messer**, m. (P.), *anemometer.*
Windend, adj. (B.), *voluble, twining.*
Winkel, m. (Math.), *angle;* **rechter —**, *right angle;* **spitzer —**, *acute angle;* **stumpfer —**, *obtuse angle;* **-messer**, m. *goniometer.*
-winkelig, adj. (Math.), (in comp.) *-angular, -agonal.*
Winkelständig, adj. (B.), *axillary.*
Wirbel, m. (P.), *vortex.*
Wirbelförmig, adj. (B.), *verticillate.*
Wirkung, f. (C. & P.), *action; effect.*
Wirtel, m. (B.), *whorl.*
Wirtelförmig, adj. (B.), *verticillate, whorled.*
Wismuth, n. (C.), *bismuth.*

Wissenschaft, f. *science;* **Natur-**, f. *natural science.*
Wissenschaftlich, adj. *scientific.*
Wolfram, n. (C.), *tungsten.*
Wolke, f. *cloud.*
Wollig, adj. (B.), *lanate, lanuginous.*
Würfel, m. (M. & Math.), *cube;* **-inhalt**, m. *cubical contents.*
Würzelchen, n. (B.), *radicle.*
Würzgeruch, m. (C.), *aromatic smell.*
Wulstig, adj. (B.), *torose.*
Wurf, m. (P.), *throw;* **-bewegung**, f. *projectile motion;* **-kraft**, f. *projectile force;* **-linie**, f. *projectile curve.*
Wurzel, f. (B.), *root;* **-blatt**, n. *radical leaf;* **-lode**, f. *turio;* **-stock**, m. *rhizoma, root-stock.*
Wurzelsprossend, adj. (B.), *soboliferous.*
Wurzelständig, adj. (B.), *radical.*

Y.

Yttererde, f. (C.), *yttria, oxide of yttrium.*
Yttrium, n. (C.), *yttrium.*

Z.

Zäh, adj. (C. & P.), *tough, viscous;* **-flüssig**, adj. *viscous.*
Zählen, v. a. & n. *to count.*
Zähler, m. (Math.), *numerator.*
Zahl, f. (Math.), *number; figure.*
Zahn, m. *tooth;* **-rad**, n. *cog-wheel.*
Zange, f. (C.), *tongs.*
Zapfen, m. *pin, peg; pivot;* (B.), *cone.*
Zeichen, n. (C.), *sign, symbol.*
Zeit, f. *time;* **-abschnitt**, m. (P.), *period;* **-alter**, n. *age.*

Zelle, f. (B.), *cell;* **-ngang,** m. *cellular duct;* **-npflanzen,** pl. *cellular plants.*
Zellgewebe, n. (B.), *cellular tissue.*
Zentner, m. *a hundred weight.*
Zerfliessbar, adj. (C.), *deliquescent.*
Zerfliessen, v. n. (C.), *to deliquesce.*
Zerlegen, } v. a. (C.), *to decompose.*
Zersetzen, }
Zerlegung, } f. (C. & P.), *decomposition.*
Zersetzung, }
Zerstreut, adj. (P.), *diffused, dispersed.*
Zerstreuung, f. (P.), *divergence; dispersion;* **-slinse,** f. *diverging lens;* **-spunkt,** m. *point of divergence.*
Ziegel, m. *brick; tile;* **-thon,** m. (M.), *brick-clay.*
Ziehbar, adj. (P.), *ductile.*
Ziehbarkeit, f. (P.), *ductility.*
Zimmt, m. *cinnamon;* **-öl,** n. *cinnamon-oil;* **-säure,** f. *cinnamic acid.*
Zink, n. (C.), *zinc;* **-oxyd,** n. *zincic oxide;* **-weiss,** n. *oxide of zinc* (used for white paint).
Zinn, n. (C.), *tin;* **-chlorid,** n. *stannic chloride;* **-chlorür,** n. *stannous chloride;* **-folie,** f. *tinfoil;* **-säure,** f. *stannic acid;* **-salz,** n. *tin salts (stannous chloride);* **-stein,** m. (M.), *tin-stone.*
Zinnober, m. (C. & M.), *cinnabar; vermilion.*
Zinnsaure Salze, pl. (C.), *stannates.*
Zirkel, m. (Math.), *circle;* **-abschnitt,** m. *segment;* **-ausschnitt,** m. *sector;* **-bewegung,** f. *circular motion;* **-bogen,** m. *arc.*
Zirkelförmig, adj. *circular.*
Zirkon, m. (M.), *zircon;* **-erde,** f. (C.), *zirconia.*

Zirkonium, n. (C.), *zirconium.*
Zottig, adj. (B.), *villous, downy.*
Zucker, m. (C.), *sugar;* **-gährung,** f. *saccharine fermentation;* **-säure,** f. *saccharic acid.*
Zündhölzchen, n. *lucifer-match.*
Zufluss, m. *supply;* **-rohr,** n. *supply-pipe.*
Zuführen, v. a. (B.), *to convey, to conduct.*
Zug, m. (P.), *traction;* **-luft,** f. *current of air.*
Zugespitzt, adj. (B.), *acuminate.*
Zunder, m. *tinder.*
Zunehmen, v. n. (P.), *to increase.*
Zunehmend, adj. (P.), *increasing, growing.*
Zungenblüthig, adj. (B.), *ligulate.*
Zurück-, (B.), (in comp.) *re-.*
Zurücklegen, v. a. (P.), *to pass over, to travel over.*
Zurückprallen, v. n. (P.), *to rebound; to be reflected.*
Zurückschallen, v. n. (P.), *to resound, to re-echo.*
Zurückstossen, v. a. (P.), *to repel, to repulse.*
Zurückstossung, f. (P.), *repulsion;* **-skraft,** f. *repulsive force.*
Zurückwerfen, v. a. (P.), *to reflect.*
Zurückwerfung, f. (P.), *reflection.*
Zurückwirken, v. a. (P.), *to react.*
Zusammen-, (B.), (in comp.), *con-;* z. B. **-fliessend,** adj. *confluent;* **-gerollt,** adj. *convolute;* **-gesetzt,** adj. *composite;* **-gewachsen,** adj. *connate;* **-wachsend,** adj. *coalescent.*
Zusammengesetzt, adj. (C. & P.), *compound; complex;* **— aus,** *composed of.*

Zusammenhang, m. (P.), *coherence; connection.*
Zusammenkunft, f. (Astron.), *conjunction.*
Zusammenschmelzen, v. a. (C.), *to melt up together.*
Zusammensetzung, f. (C.), *composition.*
Zusammenstoss, m. (P.), *concussion.*
Zusammenziehen, v. a. *to draw together;* v. refl. sich —, (P.), *to contract.*
Zusatz, m. (C.), *addition.*
Zustand, m. (P.), *condition;* Aggregat-, *state of aggregation.*
Zutritt, m. (C.), *access.*
Zwei-, (B.), (in comp.), *bi-, di-.*
Zweig, m. (B.), *branch.*

Zwiebel, f. (B.), *bulb;* -wurzel, f. *bulbous root.*
Zwiebelförmig, adj. (B.), *bulbose.*
Zwillinge, pl. (M.), *twins.*
Zwillingsartig, adj. (B.), *didymous.*
Zwillingskrystall, m. (M.), *twin crystal.*
Zwischengerollt, adj. (B.), *obvolute.*
Zwischenknoten, m. (B.), *internode.*
Zwischenraum, m. (P.), *intermediate space, interstice, pore.*
Zwischenzeit, f. *interval.*
Zwischenzustand, m. *intermediate state.*
Zwitterig, adj. (B.), *hermaphrodite, androgynous.*
Zwölf-, (B.), (in comp.), *dodeca-.*
Zwölfflächner, m. (Math.), *dodecahedron.*

II. English-German.

A.

Aberration, n. (P.), **Abirration, f., Abirrung, f.; Abweichung, f.**
Abnormal, adj. **abnorm.**
Abrade, to, v. a. (M.), **abreiben.**
Abrasion, n. (M.), **Abreiben, n.**
Abrupt, adj. & adv. (B.), **abgebrochen.**
Absorb, to, v. a. (C.), **absorbiren.**
Abundant, adj. (C.), **verbreitet.**
Acaulescent, adj. (B.), **stengellos; stammlos.**
Accelerating, ⎫ adj. (P.), **beschleu-**
Accelerative, ⎭ **nigend.**
Access, n. (C.), **Zutritt, m.**
Accessory, adj. (B.), **accessorisch;**
— *parts*, **Nebentheile, pl.**
Accrescent, adj. (B.), **fortwachsend.**
Acerose, adj. (B.), **nadelförmig.**
Acetate, n. (C.), **essigsaures Salz, Acetat, n.**
Acetification, n. (C.), **Essigbildung, f.**
Acetic acid, (C.), **Essigsäure, f.**
Achenium, n. (B.), **Schliessfrucht, f.**
Achromatic, adj. (P.), **achromatisch.**
Acicular, adj. (B. & M.), **nadelförmig.**
Acid, n. (C.), **Säure, f.**
Acid, adj. (C.), **sauer.**
Acidify, to, v. a. (C.), **säuern, sauer machen.**
Acotyledonous, adj. (B.), **samenlappenlos, keimblattlos, akotyledonisch.**

Acoustics, m. (P.), **Akustik, f., Lehre vom Schall.**
Acrid, adj. (C.), **scharf, beissend.**
Act, to, v. a. (C. & P.), **einwirken (auf); v. n. sich verhalten.**
Action, n. (C. & P.), **Wirkung, f., Einwirkung, f.**; *reciprocal* —, **Wechselwirkung, f.**
Active, adj. (P.), **thätig, wirkend.**
Acuminate, adj. (B.), **zugespitzt.**
Acute, adj. (B. & Math.), **spitz.**
Adamantine, adj. (M.), **diamant-** (in comp.).
Adapter, n. (C.), **Vorstoss, m.**
Addition, n. (C.), **Zusatz, m.**
Adhere, to, v. n. (P.), **adhäriren.**
Adhesion, n. (P.), **Adhäsion, f.**
Adjust, to, v. a. (P.), **adjustiren.**
Adnate, adj. (B.), **angewachsen.**
Adpressed, adj. (B.), **angedrückt.**
Adulteration, n. (C.), **Verfälschung, f.**
Acriform, adj. (C. & P.), **luftförmig.**
Aerolite, n. (M.), **Meteorstein, m.**
Affinity, n. (C.), **Verwandtschaft, f.**
Agate, n. (M.), **Achat, m.**
Age, n. **Zeitalter, n.**
Aggregate, n. (M.), **Aggregat, n.**
Aggregate, adj. (B.), **gehäuft.**
Aggregation, n. (P.), **Aggregat, n.**;
state of —, **Aggregatzustand, m.**
-agonal, adj. (Math.), (in comp.) **-winkelig.**
Agriculture, n. **Ackerbau, m., Landwirthschaft, f.**

Air, n. (P.), **Luft**, f.; *-balloon*, n. **Luftschiff**, n.; *-pump*, n. **Luftpumpe**, f.
Air-tight, adj. (P.), **luftdicht**.
Alate, adj. (B.), **geflügelt**.
Alcohol, n. (C.), **Alkohol**, m.
Alkali, n. (C.), **Alkali**, n.
Alkaline, adj. (C.), **alkalisch**.
Alkaloids, pl. (C.), **Alkaloïde**.
Alloy, n. (C.), **Legirung**, f.
Almond, n. (B.), **Mandel**, f.; *-oil*, (C.), **Mandelöl**, n.
Alternate, adj. (B.), **wechselständig**; **abwechselnd**.
Alum, n. (C.), **Alaun**, m.
Alumina, n. (C.), **Thonerde**, f.
Aluminum, n. (C.), **Aluminium**, n.
Amalgam, n. (C.), **Amalgam**, n.
Amber, n. **Bernstein**, m.
Ament, n. (B.), **Kätzchen**, n.
Ammonia, n. (C.), **Ammoniak**, n.
Amphidermis, n. (B.), **Hüllhaut**, f.
Amplexicaul, adj. (B.), **stengelumfassend**.
Amplitude, n. (P.), **Weite**, f.
Amygdaloid, n. (M.), **Mandelstein**, m.
Amylaceous, adj. (B. & C.), **Stärkemehlhaltig**.
Analysis, n. (C.), **Analyse**, f.; *volumetric* —, **volumetrische Analyse**, **Titrirung**, f.; — *in the dry way*, **Analyse auf trockenem Wege**; — *in the wet way*, **Analyse auf nassem Wege**.
Analyst, m. (C.), **Analytiker**, m.
Analyze, v. a. (C.), **analysiren**.
Androgynous, adj. (B.), **mannweiblich**, **androgynisch**.
Anemometer, n. (P.), **Windmesser**, m., **Anemometer**.

Angiospermous, adj. (B.), **bedecktsamig**.
Angle, n. (M.), **Ecke**, f.; (Math. & P.), **Winkel**, m.; *acute* —, **spitzer Winkel**; *adjacent* —, **Nebenwinkel**, m.; *binocular* —, **Gesichtswinkel**, m.; *right* —, **rechter Winkel**; *obtuse* —, **stumpfer Winkel**; *optical* —, *visual* —, **Sehwinkel**, m.; — *of incidence*, **Einfallswinkel**, m.; — *of reflection*, **Reflexionswinkel**, m.
-angular, adj. (Math.), (in comp.) **-winkelig**.
Anhydrous, adj. (C. & M.), **wasserfrei**.
Animal, n. **Thier**, n.; — *kingdom*, n. **Thierreich**, n.
Animal, adj. **thierisch**.
Annihilate, to, v. a. (P.), **vernichten**.
Annual, adj. (B.), **einjährig**.
Anther, n. (B.), **Staubbeutel**, m., **Anthere**, f.
Anthracene, n. (C.), **Anthracen**, n.
Antimony, n. (C.), **Antimon**, n.
Antimonietted hydrogen, (C.), **Antimonwasserstoff**, m.
Antiseptic, n. (C.), **fäulnisswidriges Mittel**.
Apetalous, adj. (B.), **blumenblattlos**.
Apex, n. (B.), **Spitze**, f., **Gipfel**, m.; (Math.), **Scheitel**, m.
Aphyllous, adj. (B.), **blattlos**.
Apical, adj. (B.), **spitzenständig**.
Apiculate, adj. (B.), **spitzendig**.
Apophysis, n. (B.), **Ansatz**, m.
Appendage, n. (B.), **Anhängsel**, n.
Appressed, adj. (B.), **angedrückt**.
Aqua fortis, n. (C.), **Scheidewasser**, n.
Aquatic, adj. (B.), **wasserbewohnend**.

Aqueous, adj. (C.), **wässerig**.
Arborescent, adj. (B.), **baumartig**.
Arc, n. (Math.), **Bogen**, m.
Areometer, n. (P.), **Aräometer**, n.
Argentine, n. **Neusilber**, n.
Argillaceous, adj. (M.), **thonartig**; **thonhaltig**.
Argols, n. (C.), **Weinstein**, m.
Aril, n. (B.), **Samendecke**, f., **Mantel**, m.
Aristate, adj. (B.), **begrannt**.
Arm, n. (P.), **Arm**, m.
Aromatic, adj. (C.), **aromatisch**; **gewürzhaft**.
Arsenic, n. (C.), **Arsen**, n., **Arsenik**, m.; *arsenic acid*, **Arseniksäure**, f.; *flowers of* —, **Giftmehl**, n.
Arseniate, n. (C.), **arseniksaures Salz**.
Arsenical, adj. (C.), **arsenikhaltig**.
Arsenious acid, (C.), **arsenige Säure**.
Arsenite, n. (C.), **arsenigsaures Salz**.
Arseniuretted hydrogen, n. (C.), **Arsenwasserstoff**, m.
Articulated, adj. (B.), **gegliedert**.
Ash, n. (C.), **Asche**, f.; *to reduce to* —*es*, **einäschern**; *vegetable* —*es*, **Pflanzenasche**, f.
Assay, n. (C.), **Probe**, f.
Assimilate, v. a. (B.), **assimiliren**.
Assimilation, n. (B.), **Assimilation**, f.
Astronomy, n. **Astronomie**, f.; **Sternkunde**, f.
Atmosphere, n. (P.), **Atmosphäre**, f.
Atom, n. (C.), **Atom**, n.
Atomic, adj. (C.), **atomistisch**; — *weight*, n. **Atomgewicht**, n.; — *interchange*, n. **Atomwanderung**, f.
Attenuate, adj. (B.), **attenuirt**.

Attract, to, v. a. (P.), **anziehen**.
Attraction, n. (P.), **Anziehung**, f.
Auric compounds, pl. (C.), **Goldverbindungen**, pl.
Auriculate, adj. (B.), **geöhrt**.
Aurora australis, (P.), **Südlicht**, n.
Aurora borealis, (P.), **Nordlicht**, n.
Awned, adj. (B.), **gegrannt**.
Axil, n. (B.), **Blattwinkel**, m., **Achsel**, f.
Axillary, adj. (B.), **blattwinkelständig**.
Axis, n. (B. & P.), **Achse**, f.; — *of incidence*, **Einfallsloth**, n.

B.

Baccate, adj. (B.), **beerenartig**.
Bacciform, adj. (B.), **beerenförmig**.
Balance, n. **Wage**, f.; *beam of* —, **Wagebalken**, m.; *pan of* —, **Wageschale**, f.; (P.), **Gleichgewicht**, n.
Ball, n. **Kugel**, f.
Barb, n. (B.), **Bart**, m.
Barbate, adj. (B.), **bärtig**.
Barium, n. (C.), **Barium**, n.
Bark, n. (B.), **Rinde**, f., **Barke**, f.; *inside* —, **Bast**, m. & n.
Barley, n. (B.), **Gerste**, f.
Barometer, n. (P.), **Barometer**, m.; *height of the* —, **Barometerstand**, m.
Baryta, (C.), **Baryt**, m., **Baryterde**, f.
Base, n. (B.), **Basis**, f.; (C.), **Base**, f.
Base, adj. (C.), **unedel**.
Basicity, n. (C.), **Basicität**, f.
Basis, n. (P.), **Unterlage**, f.
Bast, n. (B.), **Bast**, m. & n.
Be, to, v. n. (Math.), **sich verhalten**.
Beaked, adj. (B.), **geschnäbelt**.

Beaker, n. (C.), **Becherglas**, n.; *a nest of* —, **ein Satz Bechergläser.**
Beam, n. (P.), **Strahl**, m.
Beam, to, v. n. (P.), **strahlen.**
Beard, n. (B.), **Bart**, m.
Bed, n. (M.), **Bank**, f.
Behavior, n. (C.), **Verhalten**, n.
Bell-glass, n. (C.), **Glocke**, f.
Bend, to, v. a. (P.), **lenken.**
Berry, n. (B.), **Beere**, f.
Bevelment, n. (M.), **Abflachung**, f.
Beverage, n. **Getränk**, n.
Bi-, (B.), (in comp.) **zwei-**.
Bifurcate, adj. (B.), **zweigabelig.**
Bipartite, adj. (B.), **zweitheilig.**
Bisect, to, v. a. (Math.), **halbiren, schneiden.**
Bitumen, n. (C. & M.), **Bitumen**, n., **Erdpech**, n.
Blade, n. (B.), **Halm**, m.
Blasting-powder, n. **Sprengpulver**, n.
Bleach, to, v. a. (C.), **bleichen.**
Bleachery, n. (C.), **Bleicherei**, n.
Bleaching-powder, n. (C.), **Bleichpulver**, n.
Blend, n. (M.), **Blende**, f.
Blight, n. (B.), **Rost**, m.
Blossom, n. (B.), **Blüthe**, f.
Blow-pipe, n. (C.), **Löthrohr**, n.
Boat, n. (C.), **Schiffchen**, n.
Body, n. (C.), **Körper**, m.
Boil, to, v. a. (C. & P.), **kochen;** v. n. **sieden.**
Boiler, n. **Dampfkessel**, m., **Kessel**, m.; *the dome of a* —, **Kesseldach**, n.; *–incrustation*, **Kesselstein**, m.
Boiling-point, (C. & P.), **Siedepunkt**, m., **Kochpunkt**, m.
Bone-earth, n. (C.), **Knochenerde**, f.
Boracic acid, n. (C.), **Borsäure**, f.
Borax, n. (C.), **Borax**, m.
Border, n. (B.), **Rand**, m.

Bordered, adj. (B.), **gesäumt.**
Botany, n. (B.), **Botanik**, f., **Pflanzenkunde**, f.
Botanize, to, v. n. (B.), **botanisiren.**
Botanist, m. (B.), **Botaniker**, m.
Botryoidal, adj. (M.), **traubenartig; traubenförmig.**
Bottom, n. **Sohle**, f.
Boulder, n. (M.), **Findlingsblock**, m., **Geschiebe**, n.
Bract, n. (B.), **Deckblatt**, n.
Branch, n. (B.), **Ast**, m., **Zweig**, m.
Branched, adj. (B.), **ästig.**
Brass, n. (C.), **Messing**, n.
Braze, to, v. a. **löthen.**
Break, to, v. a. (P.), **unterbrechen.**
Breathing-pore, n. (B.), **Mündung**, f.
Brew, to, v. a. **brauen.**
Brick, n. **Ziegel**, m.; *–clay*, (M.), **Ziegelthon**, m.
Brimstone, n. (C.), **Schwefel**, m.
Brine, n. (C.), **Sohle**, f.
Brittle, adj. (M.), **spröde.**
Brittleness, n. (P.), **Sprödigkeit**, f.
Bromic acid, (C.), **Bromsäure**, f.
Bromine, n. (C.), **Brom**, n.
Buck, to, v. a. (C.), **laugen.**
Bud, n. (B.), **Knospe**, f.; *terminal* —, (B.), **Endknospe**, f.
Budding, n. (B.), **Knospung**, f.
Bulb, n. (B.), **Zwiebel**, f.
Bulbose, adj. (B.), **zwiebelförmig.**
Burn, to, v. a. & n. **brennen; verbrennen.**
Butyric acid, (C.), **Buttersäure**, f.

C.

Cadmium, n. (C.), **Kadmium**, n.
Caducous, adj. (B.), **hinfällig.**
Cafeine, n. (C.), **Thein**, n.
Calcarate, adj. (B.), **gespornt.**

Calcareous, adj. (M.), **Kalk-** (in comp.); **kalkhaltig**.
Calceolate, adj. (B.), **schuhförmig**.
Calcinate, } to, v. a. (C.), **calciniren**.
Calcine, }
Calcium, n. (C.), **Calcium**, n.
Calico-printing, n. **Kattundruckerei**, f.
Caloric, n. (P.), **Wärmestoff**, m.
Calyculate, adj. (B.), **gekelcht**.
Calyx, n. (B.), **Kelch**, m.
Cambium, n. (B.), **Cambium**, n.
Camphene, n. (C.), **Kamphin**, n.
Camphor, n. (C.), **Kampfer**, m.
Campylotropous, adj. (B.), **krummläufig**.
Canaliculate, adj. (B.), **gerinnelt, gerinnt**.
Cancellate, adj. (B.), **gegittert**.
Capillary, adj. (B.), **haarförmig**; (P.), **kapillar**.
Capitate, adj. (B.), **kopfförmig**.
Capreolate, adj. (B.), **rankentragend**.
Capsule, n. (B. & C.), **Kapsel**, f.
Capsular, adj. (B.), **kapselartig, kapselig**.
Carbon, n. (C.), **Kohlenstoff**, m.
Carbonate, n. (C.), **kohlensaures Salz**, n., **Carbonat**, n.
Carbonic acid, (C.), **Kohlensäure**, f.
Carbonic anhydride, (C.), **Kohlensäure-Anhydrid**, n.
Carbonic dioxide, (C.), **Kohlendioxyd**, n.
Carbonic oxide, (C.), **Kohlenoxyd**, n.
Carbonize, to, v. a. (C.), **verkohlen**.
Carboy, n. (C.), **Ballon**, m.
Carburetted hydrogen gas, (C.), **Kohlenwasserstoffgas**, n.

Carina, n. (B.), **Kiel**, m.; **Schiffchen**, n.
Carinate, adj. (B.), **kahnförmig; gekielt**.
Caruncle, n. (B.), **Nabelwarze**, f.; **Samenhängsel**, n.
Caryopsis, n. (B.), **Balgfrucht**, f.; **Kornfrucht**, f.
Caseine, n. (C.), **Käsestoff**, m.
Cast, n. **Abguss**, m.
Catkin, n. (B.), **Kätzchen**, n.
Caudicle, n. (B.), **Stämmchen**, n.
Cauliform, adj. (B.), **stengelförmig**.
Cauline, adj. (B.), **stengelständig**.
Cause, n. **Ursache**, f.
Caustic, adj. (C.), **kaustisch, ätzbar; Aetz-** (in comp.).
Cavities in rocks, studded with crystals, (M.), **Drusenräume**, pl.
Cell, n. (B.), **Zelle**, f.
Cellular, adj. (B.), **cellular, zellig, Zell-** (in comp.).
Cellulose, n. (B.), **Cellulose**, f.
Cement, n. (C.), **Kitt**, m., **Cement**, m.; *hydraulic* —, **Wasserkitt**, m.
Centre, n. (P.), **Mittelpunkt**, m.
Centrifugal, adj. (P.), **centrifugal**.
Centripetal, adj. (P.), **centripetal**.
Cereals, pl. (B.), **Cerealien**.
Ceric salts, pl. (C.), **Ceriumsalze**.
Cerium, n. (C.), **Cerium**, n.
Chaff, n. **Spreu**, f.
Chain, n. (P.), **Kette**, f.
Chalaza, n. (B.), **Keimfleck**, m.
Chalk, n. (C. & M.), **Kreide**, f.
Chalybeate, adj. (C.), **eisenhaltig**.
Change, to, v. n. (C. & P.), **sich verwandeln, übergehen**.
Change, to, v. a. (C. & P.), **verwandeln**.
Change, n. (C.), **Veränderung**, f.

Channelled, adj. (B.), gerinnelt, gerinnt.
Characteristic, n. Kennzeichen, n., Merkmal, n.
Charcoal, n. (C.), Kohle, f.
Charcoal-burning, (C.), Kohlenbrennen, n.
Charge, to, v. a. (P.), laden.
Charge, n. (P.), Ladung, f.
Chemical, adj. (C.), chemisch.
Chemicals, pl. (C.), Chemikalien.
Chemist, m. (C.), Chemiker, m.
Chemistry, n. (C.), Chemie, f.
Chlorate, n. (C.), chlorsaures Salz; Chlorat, n.
Chloric acid, n. (C.), Chlorsäure, f.
Chloride, (C.), salzsaures Salz, n., Chlorid, n., Chlormetall, n.
Chlorine, n. (C.), Chlor, n.
Chlorite, n. (C.), chlorigsaures Salz, n.
Chorocarbonic acid, (C.), Chlorkohlensäure, f.
Chloroform, n. (C.), Chloroform, n.
Chlorometry, n. (C.), Chlorimetrie, f.
Chlorophyll, n. (B. & C.), Chlorophyll, n., Blattgrün, n.
Chlorous acid, (C.), chlorige Säure, f.
Chord, n. (Math.), Sehne, f.
Chromate, n. (C.), chromsaures Salz, n., Chromat, n.
Chrome, } n. (C.), Chrom, n.
Chromium, }
Chromic acid, (C.), Chromsäure, f.
Ciliate, adj. (B.), wimperig.
Cinnabar, n. (C.), Zinnober, m.
Cinnamic acid, (C.), Zimmtsäure, f.
Cinnamon, n. Zimmt, m.; –*oil*, (C.), Zimmtöl, n.
Circle, n. (Math.), Kreis, m., Zirkel, m.
Circuit, n. Umkreis, m.

Circular, adj. kreisförmig.
Circulation, n. Kreislauf, m.
Circumference, n. (Math.), Umfang, m.; — *of a circle*, Kreisumfang, m.
Citric acid, (C.), Citronensäure, f.
Clarify, to, v. a. (C.), abklären.
Class, n. (B.), Klasse, f.
Clay, (M.), Thon, m.; *potter's* —, Töpfererde, f.; *saponaceous* —, Seifenthon, m.; –*slate*, Thonschiefer, m.
Clear, adj. klar.
Cleave, to, v. a. (M.), spalten.
Cleft, adj. (B.), gespalten.
Cleavage, n. (M.), Spaltbarkeit, f.
Climbers, pl. (B.), Schlingpflanzen.
Climbing, adj. (B.), klimmend.
Closed, adj. (B.), geschlossen.
Cloud, n. Wolke, f.
Cloudy, adj. (C.), trübe.
Cluster, n. (M.), Gruppe, f.
Coagulated, adj. (C.), gerinnselt.
Coal, n. (M.), Kohle, f.; *hard* —, Steinkohle, f.; –*tar*, (C.), Steinkohlentheer, f.
Coalescent, adj. (B.), zusammenwachsend, zusammenfliessend.
Coarctate, adj. (B.), gedrängt.
Coated, to become, (C. & M.), sich überziehen.
Coating, n. (C. & M.), Ueberzug, m.
Cobalt, n. (C.), Kobalt, m.
Cochleariform, adj. (B.), löffelförmig.
Cog-wheel, n. (P.), Kammrad, n., Zahnrad, n.
Coherence, n. (P.), Zusammenhang, m.
Cohesion, n. (P.), Cohäsion, f.
Coke, n. (C.), Koke, n., Koks, n.
Cold, n. (P.), Kälte, f.

Collateral, adj. (B.), **nebenständig**.
Collect (gases), to, v. a.(C.), **auffangen**.
Collection, n. **Sammlung**, f.
Collector, (P.), **Elektricitätssammler**, m.
Color, n. (C.), **Farbe**, f.; **Farbstoff**, m.; *coal-tar* —, **Theerfarbe**, f.
Color, to, v. a. (C.), **färben**.
Colored, to become, (C. & P.), **sich färben**.
Combination, n. (C. & P.), **Vereinigung**, f., **Verbindung**, f.
Combine, to, v. n. (C.), **sich vereinigen, sich verbinden**.
Combustibles, pl. (C.), **Inflammabilien**.
Combustion, (C.), **Verbrennung**, f.
Communicate, to, v. a. (P.), **mittheilen**.
Compact, adj. (M.), **dicht, derb**.
Comparison, n. **Vergleich**, m.
Complete, adj. (B.), **vollständig**.
Complex, adj. (C. & P.), **zusammengesetzt**.
Composed of, to be, (C.), **zusammengesetzt sein aus; bestehen aus**.
Composite, adj. (B.), **zusammengesetzt**.
Composite-flowers, pl. (B.), **Kopfblüthen**.
Composition, n. (C.), **Zusammensetzung**, f.
Compound, n. (C.), **Verbindung**, f.; *a saturated* —, **eine gesättigte Verbindung**.
Compound, adj. (C. & P.), **zusammengesetzt**.
Concave, adj. (P.), **hohl, concav**.
Concentrate, to, v. a. (C.), **concentriren**.
Conchoidal, adj. (M.), **muschelig**.

Concussion, n. (P.), **Erschütterung**, f., **Zusammenstoss**, m.
Condensation, n. (C. & P.), **Verdichtung**, f.
Condenser, n. (P.), **Kondensator**, m.
Condition, n. (P.), **Zustand**, m.
Conduct, to, v. a. (P.), **leiten**.
Conductibility, n. (P.), **Leitungsfähigkeit**, f.
Conduction, n. (P.), **Leitung**, f.
Conductor, n. (P.), **Leiter**, m.
Cone, n. (B.), **Zapfen**, m. (Math.), **Kegel**, m.
Confluent, adj. (B.), **zusammenfliessend, ineinanderfliessend**.
Conic section, n. (Math.), **Kegelschnitt**, m.
Coniferae, pl. (B.), **Koniferen**.
Conjugate, adj. (B.), **gepaart**.
Conjunction, n. (Astron.), **Zusammenkunft**, f.
Connate, adj. (B.), **verwachsen, zusammengewachsen**.
Connection, n. (P.), **Zusammenhang**, m.
Conniving, (B.), **gegeneinandergeneigt, zusammengeneigt**.
Constellation, n. (Astron.), **Sternbild**, n.
Constituents, pl. (C.), **Bestandtheile**.
Constitution, n. (C.), **Beschaffenheit**, f.
Constriction, n. (B.), **Einschnürung**, f.
Consumption, n. **Verbrauch**, m.
Contact, n. (P.), **Berührung**, f.
Containing, adj. **-haltig** (in comp.).
Contents, n. **Inhalt**, m., **Gehalt**, m.
Contiguous, adj. (B.), **anstehend**.
Contorted, adj. (B.), **gedreht**.
Contract, to, v. n. (P.), **sich zusammenziehen**.

Convergence, n. (P.), **Konvergenz,** f.
Convergent, adj. (B. & P.), **konvergirend.**
Convert, to, v. a. (C. & P.), **verwandeln.**
Converted, to become, (C. & P.), **sich verwandeln.**
Convey, to, v. a. (B.), **zuführen.**
Convolute, adj. (B.), **zusammengerollt, tutenförmig.**
Convolutions, pl. (P.), **Windungen.**
Co-ordinates, pl. (Math.), **Koordinaten.**
Copper, n. (C.), **Kupfer,** n.; *-filings*, pl. **Kupferspäne.**
Coral, n. **Koralle,** f.
Cordate, adj. (B.), **herzförmig.**
Core, n. (P.), **Kern,** m.
Cork, n. (B.), **Kork,** m.
Corniculate, adj. (B.), **hornförmig.**
Cornute, adj. (B.), **gehörnt.**
Corolla, n. (B.), **Blumenkrone,** f., **Korolle,** f.
Corona, n. (B.), **Krone,** f.
Coronate, adj. (B.), **gekrönt.**
Corrode, to, v. a. (C.), **ätzen.**
Corrodent, n. (C.), **Aetzmittel,** n.
Corrosive, adj. (C.), **ätzbar, Aetz-** (in comp.).
Corrosive, n. (C.), **Aetzmittel,** n.
Corticose, adj. (B.), **rindenartig.**
Coruscation, n. (P.), **Funkeln,** n.
Corymb, n. (B.), **Doldentraube,** f.
Corymbose, adj. (B.), **doldentraubig.**
Cotton, n. **Baumwolle,** f.
Cotyledon, n. (B.), **Keimblatt,** n., **Samenlappen,** m.
-cotyledonous, adj. (B.), (in comp.) **-samenlappig.**
Count, to, v. a. (Math.), **zählen.**
Counter-lode, n. (P.), **Gegengang,** m.

Counter-pressure, n. (P.), **Gegendruck,** m.
Course, n. (P.), **Bahn,** f.
Covered, adj. (B.), **bedeckt.**
Covered, to become, (C. & M.), **sich überziehen.**
Cowl, n. (B.), **Kappe,** f.
Crank, n. (P.), **Kurbel,** f.
Creepers, pl. (B.), **Schlingpflanzen.**
Crenate, adj. (B.), **gekerbt.**
Crepitate, to, v. n. (C.), **knistern.**
Crescent-shaped, adj. (B.), **halbmondförmig.**
Crest, n. (B.), **Kamm,** m.
Cretaceous, adj. (M.), **Kreide-** (in comp.).
Crevice, n. (M.), **Spalt,** m., **Spalte,** f.
Cribrose, adj. (B.), **siebartig.**
Crops, pl. (B.), **Ernte,** f.; *rotation of* —, **Wechselwirthschaft,** f.
Cross, adj. **quer.**
Cross-lode, n. (M.), **Kreuzgang,** m.
Cruciate, adj. (B.), **gekreuzt.**
Crucible, n. (C.), **Tiegel,** m.; *-tongs*, **Tiegelzange,** f.
Cruciform, adj. (B.), **kreuzförmig.**
Crude, adj. (C.), **roh.**
Crust, n. (M.), **Kruste,** f., **Rinde,** f.
Crystal, n. (M.), **Krystall,** m.; *twin-*, **Zwillinge.**
Crystalline, adj. (M.), **krystallinisch, krystallähnlich, krystallartig.**
Crystallization, n. (M.), **Krystallisation,** f.; *water of* —, **Krystallwasser,** n.
Crystallize, to, v. n. (C. & M.), **krystallisiren.**
Crystallography, n. (M.), **Krystallographie,** f.
Cube, n. (M. & Math.), **Würfel,** m.
Cube-root, n. (Math.), **Kubikwurzel,** f.

Cubic, adj. (Math.), **kubisch**.
Cucullate, adj. (B.), **kappenförmig**.
Cup, n. (B.), **Becher**, m.
Cupellation, n. (C.), **Cupelliren**, n.
Cupric oxide, (C.), **Kupferoxyd**, n.
Cuprous oxide, (C.), **Kupferoxydul**, n.
Current, n. (P.), **Strom**, m.; — *of air*, **Luftzug**, m.
Curved, adj. (B.), **gekrümmt**.
Cushioned, adj. (B.), **gepolstert**.
Cut, to, v. a. (M.), **schleifen**.
Cutch, n. (C.), **Katechu**, n.
Cuticle, n. (B.), **Häutchen**, n.
Cyanide, n. (C.), **Cyanid**, n., **Cyanverbindung**, f.
Cyanic acid, (C.), **Cyansäure**, f.
Cyanogen, n. (C.), **Cyan**, n.; *gaseous* —, **Cyangas**, n.
Cyathiform, adj. (B.), **becherförmig**.
Cylinder, n. **Cylinder**, m., **Walze**, f.
Cylindrical, adj. **walzenförmig, cylindrisch**.
Cymbiform, adj. (B.), **kahnförmig**.
Cyme, n. (B.), **Afterdolde**, f.

D.

Deca-, (B.), (in comp.) **zehn-**.
Decant, to, v. a. (C.), **abgiessen, decantiren**.
Decarbonize, to, v. a. (C.), **entkohlen**.
Decay, n. **Fäulniss**, f., **Verwesung**, f.
Deciduous, adj. (B.), **abfällig, abfallend**.
Declination, n. (P.), **Neigung**, f.
Decoction, n. (C.), **Abkochung**, f.
Decompose, to, v. a. (C.), **zerlegen, zersetzen**.
Decomposition, n. (C.), **Zerlegung**, f., **Zersetzung**, f.
Decrease, to, v. n. (P.), **abnehmen**.

Decrepitate, to, v. n. (C.), **verknistern**.
Decurrent, adj. (B.), **herablaufend**.
Decussate, adj. (B.), **kreuzständig**.
Deflagration, n. (C.), **Abbrennen**, n.
Deflect, to, v. n. (P.), **abweichen**.
Deflection, (P.), **Beugung**, f., **Abweichung**, f.
Deflexed, adj. (B.), **herabgebogen**.
Deflorate, adj. (B.), **verblüht**.
Degree, n. (P.), **Grad**, m.; — *of cold*, **Kältegrad**, m.
Delation, n. (P.), **Fortpflanzung**, f.
Deliquesce, v. n. (C.), **zerfliessen**.
Deliquescent, adj. (C.), **zerfliesslich**.
Denominator, n. (Math.), **Nenner**, m.
Dense, adj. (M.), **dicht**.
Dentate, adj. (B.), **gezähnt**.
Deposit, n. (C.), **Absatz**, m.; (M.), **Ablagerung**, f.
Depressed, adj. (B.), **niedergedrückt**.
Descendant, n. (B.), **Abkömmling**, m.
Descending, adj. (B.), **absteigend**.
Despumate, to, v. a. (C.), **abschäumen**.
Dessicator, n. (C.), **Exsiccator**, m.
Destroy, to, v. a. (P.), **vernichten**.
Desulphurate, to, v. a. (C.), **entschwefeln**.
Determine, to, v. a. (C.), **bestimmen**.
Detonate, to, v. n. (C.), **verpuffen**.
Detonation, n. (C.), **Knall**, m.
Deviate, to, v. n. (P.), **abweichen**.
Deviation, n. (P.), **Ablenkung**, f.
Deviation, n. (P.), **Abirrung**, f.
Dew, n. **Thau**, m.
Di-, (B.), (in comp.) **zwei-**.
Diagonal, adj. **quer, diagonal**.
Diameter, n. (Math.), **Durchmesser**, m.
Diamond, n. (M.), **Diamant**, m.
Diaphaneity, n. (M. & P.), **Pelludität**, f.

Diaphanous, adj. (M.), **durchscheinend.**
Didymous, adj. (B.), **zwillingsartig.**
Different, adj. **verschieden.**
Diffraction, n. (P.), **Beugung, f.**
Diffused, adj. (P.), **zerstreut.**
Digest, to, (C.), **digeriren.**
Digitate, adj. (B.), **fingerförmig.**
Dilute, adj. (C.), **verdünnt.**
Dilute, to, v. a. (C.), **verdünnen.**
Dimidiate, adj. (B.), **halbirt.**
Diminish, to, v. n. (P.), **abnehmen.**
Dipping-needle, (P.), **Neigungsnadel, f.**
Direction, n. (P.), **Richtung, f.**
Discharge, to, v. a. (P.), **entladen.**
Disciform, adj. (B.), **scheibenförmig.**
Discoloration, n. **Entfärbung, f.**
Discous, adj. (B.), **flach.**
Disengaged, to be, (C.), **freiwerden.**
Disengaged, adj. (C.), **freiwerdend.**
Disk, n. (B.), **Scheibe, f.**
Disperse, v. a. (P.), **zerstreuen; verbreiten.**
Dispersed, adj. (P.), **zerstreut.**
Dispersion, n. (P.), **Zerstreuung, f.**
Disseminate, to, v. a. (P.), **verbreiten, fortpflanzen.**
Disseminated, adj. (M.), **eingesprengt.**
Dissimilar, **verschiedenartig.**
Dissolve, to, v. a. **lösen, auflösen;** v. n. **sich auflösen.**
Distance, n. (P.), **Entfernung, f., Abstand, m.; Weg, m., Strecke, f.**
Distil, to, v. a. (C.), **destilliren.**
Distillation, (C.), **Destillation, f., Destillirung, f.;** *product of* —, **Destillat,** n.
Distributed, adj. (C.), **verbreitet.**
Diverge, to, v. n. (B. & P.), **divergiren.**

Divergence, n. (P.), **Zerstreuung, f., Divergenz, f.**
Divergent, adj. (B.), **auseinanderfahrend;** (P.), **divergirend.**
Dividend, n. (Math.), **Theilungszahl, f.**
Divisibility, n. (P.), **Theilbarkeit, f.**
Division, n. **Abtheilung, f.;** (P.), **Theilung, f.**
Dodeca-, (B.), (in comp.) **Zwölf-.**
Dodecahedron, n. (Math.), **Zwölfflächner, m.**
Dorsal, adj. (B.), **rückenständig.**
Dotted, adj. (B.), **getüpfelt.**
Double-salt, (C.), **Doppelsalz,** n.
Down, n. (B.), **Flaum, m.**
Downy, adj. (B.), **filzig.**
Dregs, n. (C.), **Dreck, m.**
Drink, n. **Getränk,** n.
Drive, to, v. a. (P.), **treiben.**
Drop, n. **Tropfen, m.**
Drosometer, n. (P.), **Thaumesser, m.**
Dross, n. (M.), **Schlacke, f.**
Drum, n. **Trommel, f.**
Drupe, (B.), **Steinfrucht, f.**
Druse, (M.), **Druse, f.**
Drusy, adj. (M.), **drusig.**
Dry, to, v. a. (C.), **trocknen.**
Dry, adj. **trocken.**
Duct, n. (B.), **Gefäss,** n.; *cellular* —, **Zellengang,** m.; *utricular* —, **Schlauchgefäss,** n.
Ductile, adj. (P.), **dehnbar, ziehbar.**
Ductility, n. (P.), **Ziehbarkeit, f., Dehnbarkeit, f.**
Dull, adj. (M.), **matt.**
Dust, n. **Staub, m.**
Dye, n. (C.), **Farbstoff, m.**
Dye, to, v. a. (C.), **färben.**
Dye-house, (C.), **Färberei, f.**
Dyeing, n. (C.), **Färberei, f.**
Dynamics, n. (P.), **Dynamik, f.**

E.

Ear, n. (B.), Aehre, f.
Earth, n. Erde, f.; *crust of the* —, Erdrinde, f.; *heat of the* —, Erdwärme, f.; *layer of* —, Erdschicht, f.; *surface of the* —, Erdoberfläche, f.
Earthy, adj. (M.), erdig.
East, n. Ost, m.
Echo, n. (P.), Echo, n.; Wiederhall, m.
Ecliptic, n. (Astron.), Sonnenbahn, f.
Edentate, adj. (B.), ungezähnt.
Edge, (B.), Rand, m.; (M.), Kante, f.; *lateral* —, Seitenkante, f.; *terminal* —, Endkante, f.
Effect, n. (P.), Wirkung, f.
Effervesce, to, v. n. (C.), aufbrausen; moussiren.
Effloresce, to, v. n. (C.), verwittern.
Efflorescence, n. (B.), Aufblühen, n.; (C.), Anflug, m.
Efflux, n. (P.), Ausströmen, n.
Elasticity, n. (P.), Elasticität, f.; *limit of* —, Elasticitätsgrenze, f.
Electric, } adj. (P.), elektrisch.
Electrical,
Electricity, n. (P.), Electricität, f.; *collector of* —, Electricitätssammler, m.; *conductor of* —, Electricitätsleiter, m.; *current of* —, Electricitätsstrom, m.
Electrifiable, adj. (B.), electrisirbar.
Electrify, to, v. a. (P.), electrisiren.
Electrolysis, n. (P.), Electrolyse, f.
Electro-magnetism, n. (P.), Magnetelectricität, f., Electromagnetismus, m.
Electrometer, n. (P.), Electrometer.
Electrophor, n. (P.), Electricitätsträger, Electrophor, m.

Element, n. (C.), Element, n.
Elliptic, adj. (Math.), elliptisch.
Elutriation, n. (M.), Waschen, n.
Emarginate, adj. (B.), ausgerandet, eingekerbt.
Emanate, to, v. n. (P.), ausströmen.
Emanation, n. (P.), Ausfluss, m.
Embryo, n. (B.), Keim, m.; –sac, n. Keimsack, m.
Emerald, n. (M.), Smaragd, m.
Emergent, adj. (B.), auftauchend.
Emery, n. (M.), Schmergel, m.
Empiric, } adj. (C.), empirisch.
Empirical,
Empyreumatic, adj. (C.), empyreumatisch, brenzlich.
Enamel, n. (C.), Schmelzglas, n.; Glasur, f.
Endless chain, (P.), geschlossene Kette.
Endocarp, n. (B.), Innenhaut, f.
Endogenous plants, pl. (B.), Endogenae, Innenwüchsige.
Endosmose, n. (P.), Endosmose, f.
Enneagynous, adj. (B.), neunweibig.
Enneandrous, adj. (B.), neunmännig.
Ensiform, adj. (B.), degenförmig, schwertförmig.
Epicarp, n. (B.), Fruchthaut, f.
Epidermis, n. (B.), Oberhaut, f.
Epigynous, adj. (B.), epigynisch; nietblumig.
Epsom salt, (C.), Bittersalz, m.
Equation, n. (Math.), Gleichung, f.
Equiangular, adj. (Math.), gleichwinkelig.
Equilateral, adj. (Math.), gleichseitig.
Equilibrium, n. (P.), Gleichgewicht, n.
Erect, adj. (B.), aufrecht.

Erratic block, n. (M.), **Geschiebe,** n., **Findlingsblock,** m.
Escape, to, v. n. (C. & P.), **entweichen.**
Estimate, to, v. a. (C.), **bestimmen.**
Evaporate, to, v. n. (C. & P.), **verdunsten, verdampfen;** v. a. **abdämpfen.**
Evaporating-dish, n. (C.), **Schale,** f.
Evaporation, n. (C. & P.), **Verdampfung,** f., **Verdunstung,** f.
Evolution, n. (B.), **Enthüllung,** f.; (C.), **Entwickelung,** f.; — *of gas*, **Gasentwickelung,** f.; (Math.), **Abwickelung,** f.
Evolve, to, v. a. (C.), **entwickeln.**
Excess, n. (C.), **Ueberschuss,** m.
Exhalation, n. **Ausdünstung,** f.
Exogenous, adj. (B.), **exogenisch.**
Expand, to, v. n. (P.), **sich ausdehnen.**
Expansion, n. (P.), **Ausdehnung,** f.
Experiment, (C. & P.), **Versuch,** m.; *to make -s*, **Versuche anstellen.**
Exserted, adj. (B.), **hervorstehend.**
Extensible, adj. (P.), **dehnbar.**
Extinguish, to, v. a. (C.), **löschen.**
Extract, n. (C.), **Auszug,** m.
Extract, to, v. a. (C.), **ausziehen.**
Extraneous, adj. (C. & P.), **fremdartig.**
Eye-piece, n. (P.), **Ocular,** n., **Augenglas,** n.

F.

Face, n. (M.), **Fläche,** f.; *secondary -s*, **Abänderungsflächen.**
Facet, n. (M.), **Façette,** f.
Factory, n. (C.), **Fabrik,** f.
Falcate, adj. (B.), **sichelförmig.**
Fall, n. (P.), **Fall,** m.

Fan-shaped, adj. (B.), **fächerförmig.**
Farina, n. (B.), **Mehlstaub,** m., **Mehl,** n.
Farinaceous, adj. (B.), **mehlstaubartig.**
Farinose, adj. (B.), **mehlstaubig.**
Fascicle, n. (B.), **Büschel,** m., **Bündel.**
Fascicled, adj. (B.), **gebüschelt, büschelig.**
Fastigiate, adj. (B.), **gegipfelt, gleichhoch.**
Fat, n. (C.), **Fett,** n.
Fatty, adj. (C.), **Fett-** (in comp.).
Faux, n. (B.), **Schlund,** m.
Fecundation, n. (B.), **Befruchtung,** f., **Bestäubung,** f.
Female, adj. (B.), **weiblich.**
Ferment, to, v. n. (C.), **gähren.**
Ferment, n. (C.), **Ferment,** n., **Gährungsmittel,** n.
Fermentation, n. (C.), **Gährung,** f.; *after-*, **Nachgährung,** f.; *sedimentary* —, **Untergährung,** f.; *surface* —, **Obergährung,** f.; *vinous* —, **Weingährung,** f.
Fern, n. (B.), **Farne,** f., **Farnkraut,** n.
Ferric compounds, pl. (C.), **Eisenoxydverbindungen.**
Ferrous compounds, pl. **Eisenoxydulverbindungen.**
Ferruginous, adj. (C.), **eisenhaltig.**
Fibre, n. (B.), **Faser,** f.; *vegetable* —, **Pflanzenfaser,** f.
-fid, adj. (B.), (in comp.) **-spaltig.**
Field, n. **Feld,** n.; **Acker,** m.
Figure, n. **Figur,** f.; **Zahl,** f.
Filament, (B.), **Staubfaden,** m.
Filiform, adj. (B.), **fadenförmig.**
Filter, n. (C.), **Filter,** m.; *-paper*, n. **Filtrirpapier,** n.

Filter, to, v. a. (C.), **filtriren**; — *off*, **abfiltriren**.
Filtering, n. (C.), **Filtrirung**, f.; *-apparatus*, **Filtrirapparat**, m.
Filtration, n. (C.), **Filtrirung**, f.
Fimbriate, adj. (B.), **gefranset**.
Fire, n. (C.), **Feuer**, n.; *-clay*, n. **Feuerthon**, m.; *-damp*, n. **schlagende Wetter**, pl.; *-works*, pl. **Feuerwerkerei**, f.
Fire-proof, adj. (C.), **feuerbeständig**.
Firm, adj. **fest; derb**.
Fissure, n. (M.), **Spalt**, m., **Spalte**, f.
Fistulous, adj. (B.), **röhrig, hohl**.
Fixed, adj. (P.), **unbeweglich**.
Flabellate, adj. (B.), **fächelförmig**.
Flattened, adj. (B.), **abgeplattet**.
Flax-seed, n. (B. & C.), **Leinsamen**, m.
Flexibility, n. (P.), **Biegsamkeit**, f.
Flexuous, adj. (B.), **vielbeugig**.
Flint, n. (M.), **Feuerstein**, m.
Flint, n. (C. & M.), **Kiesel**, m.
Float-boards (of water-wheel), **Wasserschaufel**, f.
Flocculent, adj. (C.), **flockig**.
Flow, to, v. n. **strömen**.
Flower, n. (B.), **Blume**, f.; **Blüthe**, f.
Flowering, adj. (B.), **blüthentragend**.
Flowerless, adj. (B.), **blüthenlos**.
Fluid, n. (P.), **Flüssigkeit**, f.
Fluid, adj. (P.), **flüssig**.
Fluorine, n. (C.), **Fluor**, m.
Fluoride, n. (C.), **Fluormetall**, n.
Flux, n. (C.), **Flussmittel**, n.
Flux, to, v. a. (C.), **aufschliessen**.
Foam, to, v. n. (C.), **aufschäumen**.
Focal, adj. (P.), **Brenn-** (in comp.).
Focus, n. (P.), **Brennpunkt**, m.
Fog, n. (P.), **Nebel**, m.
Foliage, n. (B.), **Laub**, n.
Foliaceous, adj. (B.), **blattartig**.
Follicle, n. (B.), **Balgkapsel**, f.

Food, n. (B.), **Nahrung**, f.
Foramen, n. (B.), **Loch**, n.
Force, n. (P.), **Kraft**, f.; *expansive* —, **Ausdehnungskraft**, f.; *motive* —, **Bewegungskraft**, f.; *propelling* —, **Treibkraft**, f.
Forest, n. (B.), **Wald**, m.; *primeval* —, **Urwald**, m.
Forked, adj. (B.), **gabelförmig**.
Form, n. (M.), **Form**, f.; *fundamental* —, **Hauptform**, f., **Kerngestalt**, f.; *primary* —, **Hauptform**, f.; *secondary* —, **Abänderungsform**, f.
Formation, n. **Bildung**, f.; **Entstehung**, f.
Formed, to be, **entstehen**.
Formic acid, (C.), **Ameisensäure**, f.
Formula, n. (C.), **Formel**, f.
Fountain, n. **Springbrunnen**, m.
Foveate, adj. (B.), **grubig**.
Fracture, n. (M.), **Bruch**, m.
Free, adj. **frei**.
Freeze, to, v. n. (P.), **frieren**.
Freezing-mixture, n. (P.), **Kältemischung**, f.
Freezing-point, n. (P.), **Gefrierpunkt**, m.
Friction, n. (P.), **Reibung**, f.
Frigorific, adj. (P.), **kälteerzeugend**.
Fringed, adj. (B.), **gefranset**.
Frond, n. (B.), **Wedel**, m.
Frondescence, n. (B.), **Ausschlagen**, n.
Froth, to, v. n. (C.), **aufschäumen**.
Fructification, n. (B.), **Fruchttragen**, n.; **Befruchtung**, f.
Fruit, n. (B.), **Frucht**, f.
Fruticose, adj. (B.), **strauchartig**.
Fulcrum, n. (P.), **Stütze**, f.
Fulminate, to, v. n. (C.), **verpuffen**.
Fulminating-powder, n. (C.), **Knallpulver**, n.

Fundamental form, (M.), **Hauptform**, f.; **Kerngestalt**, f.
Fungus, n. (B.), **Pilz**, m., **Schwamm**, m.
Funiculus, n. (B.), **Samenstrang**, m.
Funnel, n. (C.), **Trichter**, m.
Furcate, adj. (B.), **gabelig**.
Fusion, n. (C.), **Schmelzung**, f.
Furnace, n. (C. & M.), **Ofen**, m.
Fusiform, adj. (B.), **spindelförmig**.

G.

Galeate, adj. (B.), **gehelmt**.
Galena, n. (M.), **Bleiglanz**, m.
Gall-nut, n. (B.), **Gallapfel**, m.
Gallic acid, n. (C.), **Gallussäure**, f.
Galvanic, adj. (P.), **galvanisch**.
Galvanism, n. (P.), **Galvanismus**, m.
Galvanize, to, v. a. (P.), **galvanisiren**.
Gamo-, (B.), (in comp.) **verbunden-, verwachsen-**.
Gangue, n. (M.), **Gangart**, f.
Gas, n. (C. & P.), **Gas**, n.; — *in mines*, **Grubengas**, n.; *marsh* —, **Sumpfgas**, n.
Gaseous, adj. (C. & P.), **gasartig, gasförmig, luftartig**.
Gasification, n. (C. & P.), **Vergasung**, f.
Gelatinous, adj. (C.), **gelatinös, gallertartig**.
Gelatine, n. (C.), **Gallert**, m.
Geminate, adj. (B.), **gepaart**.
Gemmation, n. (B.), **Knospung**, f.
Generate, to, v. a. (B. & P.), **erzeugen**; (C.), **entwickeln**.
Generation, n. (B. & P.), **Erzeugung**, f.; **Entwickelung**, f.; — *of gases*, **Gasentwickelung**, f.
Geniculate, adj. (B.), **gekniet, gelenkig**.

Genus, n. (B.), **Gattung**, f.
Geode, n. (M.), **Geode**, f.
Germ, n. (B.), **Keim**, m.; **Fruchtknoten**, m.
Germination, n. (B.), **Sprossung**, f.
Gibbous, adj. (B.), **höckerig**.
Gild, to, v. a. (C.), **vergolden**.
Ginger, n. **Ingwer**, m.
Glabrous, adj. (B.), **kahl**.
Glacier, n. (M.), **Gletscher**, m.
Gladiate, adj. (B.), **schwertförmig**.
Gland, n. (B.), **Drüse**, f.
Glass, n. (C.), **Glas**, n.
Glazed paper, n. (C.), **Glanzpapier**.
Glazing, n. **Glasur**, f.
Glebous, adj. (M.), **erdig**.
Glimmering, adj. (M.), **schimmernd**.
Globe, n. **Weltball**, m.
Globular, adj. **kugelig**.
Glomerate, adj. (B.), **geknäult**.
Glomerule, n. (B.), **Knäul**, m., **Blüthenknäuel**.
Glow, to, v. n. (C.), **glühen**.
Glucina, n. (C.), **Beryllerde**, f.
Glucinum, n. (C.), **Beryllium**, n.
Glucose, n. (C.), **Traubenzucker**, m., **Glucose**, f.
Glue, n. (C.), **Leim**, m.
Glumaceous, adj. (B.), **spelzenartig; balgartig**.
Glume, n. (B.) **Balg**, m.
Gluten, n. (C.), **Kleber**, m.
Glycerine, n. (C.), **Glycerin**, n.
Gold, n. (C.), **Gold**, n.; *-foil*, n. **Blattgold**, n.
Graduate, to, v. a. (P.) **graduiren**.
Grain, n. (B.), **Getreide**, n.; (M.), **Graupe**, f.
Granite, n. (M.), **Granit**, m.
Granular, (C. & M.), **körnig**.
Grape-sugar, n. (C.), **Traubenzucker**, m.

Graphite, n. (C. & M.), **Graphit**, m.
Gravitation, n. (P.), **Gravitation**, f.
Gravity, n. (P.), **Schwere**, f.; *centre of* —, **Schwerpunkt**, m.; *force of* —, **Schwerkraft**, f.
Grease, n. **Fett**, n.
Grease, to, **schmieren**.
Grind, to, v. a. (M.), **schleifen**.
Ground, n. **Boden**, m.
Group, n. **Gruppe**, f.
Grow, to, v. n. (B.), **wachsen**.
Growth, n. (B.), **Wachsthum**, n.
Grumose, adj. (B.), **krumig**.
Gum, n. (C.), **Gummi**, n.; *–lac*, n., **Gummilack**, m.; *–resin*, **Gummiharz**, n.
Gun-cotton, n. (C.), **Schiessbaumwolle**, f.
Guttate, adj. (B.), **tropffleckig**.
Gymnocarpous, adj. (B.), **nacktfrüchtig**.
Gymnospermous, adj. (B.), **nacktsamig**.
Gynandrous, (B.), **weibmännig, gynandrisch**.
-gynous, adj. (B.), (in comp.) **-weibig**.
Gyrate, adj. (B.), **beringt**.
Gyration, n. (P.), **Kreisbewegung**, f.
Gypsum, n. (C.), **Gyps**, m.

H.

Habit, n. (B.), **Habitus**, m., **Tracht**, f.
Hackly, adj. (M.), **hackig**.
Hail, n. **Hagel**, m.
Hair, n. (B.), **Haar**, n.
Hard, adj. (M.), **hart**.
Hardness, n. (P.), **Härte**, f.
Hastate, adj. (B.), **spiessförmig**.
Head, n. (B.), **Kopf**, m.
Heat, n. (P.), **Wärme**, f.; *conductor of* —, **Wärmeleiter**, m.; *latent* —, **latente Wärme, gebundene Wärme**; *sensible* —, **freie Wärme**.
Hemisphere, n. **Halbkugel**, f.
Hepta-, (B.), (in comp.) **sieben-**.
Herb, n. (B.), **Kraut**, n.
Herbaceous, adj. (B.), **krautartig**.
Hermaphrodite, adj. (B.), **zwitterig**.
Hermetically, adv. (P.), **luftdicht**.
Heterogamous, adj. (B.), **verschiedenehig**.
Heterogeneous, adj. **ungleichartig**.
Heteromorphous, adj. (B.), **verschiedengestaltet**.
Heterophyllous, adj. (B.), **verschiedenblättrig**.
Hexa-, (B.), (in comp.) **sechs-**.
Hexagon, n. (Math.), **Sechseck**, n.
Hexahedron, n. (Math.), **Sechsflächner**, m.
Hilum, n. (B.), **Nabel**, m.
Hirsute, adj. (B.), **rauhhaarig**.
Hit, to, v. a. (P.), **treffen**.
Homogeneous, adj. (C.), **gleichartig**.
Hood-shaped, adj. (B.), **kappenförmig**.
Hook-shaped, adj. (B.), **hakenförmig**.
Horizontal, adj. (P.), **wagerecht, horizontal**.
Hose, n. (C.), **Schlauch**, m.
Husk, (B.), **Hülse**, f.
Hyaline, adj. (M.), **glasähnlich, glasig**.
Hydrate, n. (C.), **Hydrat**, n.
Hydriodic acid, (C.), **Jodwasserstoffsäure**, f.
Hydrocarbon, n. (C.), **Kohlenwasserstoff**, m.
Hydrochloric acid, (C.), **Chlorwasserstoffsäure**, f.
Hydrocyanic acid, (C.), **Cyanwasserstoffsäure**, f.

Hydrofluoric acid, (C.), **Fluorwasserstoffsäure,** f.
Hydrogen, n. (C.), **Wasserstoff,** m.
Hydrometer, n. (P.), **Aräometer,** m.
Hydrous, adj. (C. & M.), **wasserhaltig.**
Hydroxide, n. (C.), **Oxydhydrat,** n.
Hypochlorous acid, (C.), **unterchlorige Säure,** f.
Hypocrateriform, adj. (B.), **untertassenförmig, tellerförmig.**
Hypogynous, adj. (B.), **unterweibig.**
Hypophosphoric acid, (C.), **Unterphosphorsäure,** f.
Hypophosphorous acid, (C.), **unterphosphorige Säure.**
Hyposulphurous acid, (C.), **unterschweflige Säure.**

I.

Ice, n. (C.), **Eis,** n.; *–berg,* n. **Eisberg,** m.; *drift–,* **Treibeis,** n.
Icicle, n. **Eiszapfen,** m.
Ignite, to, (C.), **glühen.**
Ignition, n. (C.), **Glühen,** n.
Illinition, n. (M.), **Kruste auf Mineralien.**
Image, n. (P.), **Bild,** n.; *inverted —,* **verkehrtes Bild;** *real —,* **reelles Bild;** *reflected —,* **Spiegelbild,** n.; *virtual —,* **imaginäres Bild.**
Imbedded, adj. (M.), **gebettet.**
Imbricate, adj. (B.), **geschindelt.**
Immarginate, adj. (B.), **unberandet.**
Immerse, to, v. a. (P.), **eintauchen.**
Immovable, adj. (P.), **unbeweglich.**
Impact, n. (P.), **Stoss,** m.
Impari-pinnate, adj. (B.), **ungleichpaarig-gefiedert.**
Imperfect, adj. (B.), **unvollkommen.**

Impetus, n. (P.), **Moment,** n.
Impinge, to, v. a. (P.), **stossen (auf-).**
Implements, pl. **Werkzeug,** n.
Impulse, n. (P.), **Trieb,** m.
Imponderable, adj. (P.), **unwägbar.**
Incidence, n. (P.), **Einfallen,** n.; *angle of —,* **Einfallswinkel,** m.
Incident, adj. (P.), **einfallend.**
Incineration, n. (C.), **Einäscherung,** f.
Inclination, n. (P.), **Senkung,** f., **Neigung,** f.
Inclined, adj. (B.), **geneigt;** (P.), **schief.**
Inclosed, adj. (B.), **eingeschlossen.**
Incomplete, adj. (B.), **unvollständig.**
Increase, to, v. a. (P.), **verstärken;** v. n. **wachsen, zunehmen.**
Increase, n. (P.), **Vergrösserung,** f., **Zunehmen,** n.
Increasing, adj. (P.), **zunehmend.**
Incrustation, n. (C. & M.), **Ueberzug,** m.
Incrusted, to become, (C. & M.), **sich überziehen.**
Indefinite, adj. (B.), **unbestimmt.**
Indestructible, (C.), **unzerstörbar.**
Indication, **Kennzeichen,** n.
Indigenous, adj. (B.), **einheimisch.**
Indigo, n. (C.), **Indig,** m., **Indigo,** m.; *–blue,* n. **Indigblau,** n.
Indistinct, adj. (B.), **undeutlich.**
Indivisibility, n. (P.), **Untheilbarkeit,** f.
Inert, adj. (P.), **träge.**
Inertia, n. (P.), **Trägheit,** f., **Beharrungsvermögen,** n.
Inferior, adj. (B.), **unterständig.**
Inflate, adj. (B.), **aufgebläht, aufgeblasen.**
Inflect, to, v. a. (P.), **biegen, beugen.**

Infinite, adj. } unendlich.
Infinitely, adv. }
Infinitesimal, adj. (Math.), unendlich klein.
Inflorescence, n. (B.), Blüthenstand, m.
Infra-axillary, adj. (B.), unterwinkelständig.
Ingredient, n. (C.), Bestandtheil, m.; *thickening* —, Verdickungsmittel, n.
Ink, n. Tinte, f.; *India* —, Tusch, m.
Innate, adj. (B.), eingewachsen.
Inodorous, adj. (C.), geruchlos.
Inorganic, adj. (C.), anorganisch.
Insoluble, adj. (C.), unlöslich.
Insolubility, n. (C.), Unlöslichkeit, f.
Insulated, adj. (P.), insulirt.
Integument, n. (B.), Decke, f.
Intercellular, adj. (B.), intercellular.
Interchange, n. (C. & P), Austausch, m.; *atomic* —, (C.), Atomwanderung, f.
Interference, n. (P.), Interferenz, f.
Intermediate, adj. (B.), mittelständig.
Internode, n. (B.), Zwischenknoten, m.
Interrupt, to, v. a. (P.), unterbrechen.
Intersect, to, v. a. (M. & Math.), schneiden.
Interstice, n. (P.), Zwischenraum, m.
Interval, n. (P.), Zwischenzeit, f.; Interval, n.; Tonabstand, m.
Inverse, adj. } (Math.), umgekehrt.
Inversely, adv. }
Invert, to, v. a. (Math.), umkehren.
Invisible, adj. (B.), undeutlich.
Involucrate, adj. (B.), gehüllt.

Involucre, n. (B.), Hülle, f.
Involute, adj. (B.), eingerollt.
Iodic acid, (C.), Jodsäure, f.
Iodide, n. (C.), Jodverbindung, f.
Iodine, n. (C.), Jod, n.
Iridescence, n. (M.), Irisiren, n.
Iridium, n. (C.), Iridium, n.
Iron, n. (C. & M.), Eisen, n.; *cast* —, Gusseisen, n.; *magnetic* —, Magneteisen, n.; *pig* —, Roheisen, n.; *specular* —, Spiegeleisen, n.; *wrought* —, Schmiedeisen, n.; *-pyrites*, Schwefelkies, m.
Isolated, adj. (P.), isolirt.
Isoceles, adj. (Math.), gleichschenkelig.
Ivory, n. Elfenbein, n.

J.

Joint, n. (B.), Gelenk, n.
Jointed, adj. (B.), gegliedert, gelenkig.
Juice, n. (B.), Saft, m.

K.

Keel, n. (B.), Kiel, m.
Kernel, n. (B.), Kern, m.
Kidney-shaped, adj. (B. & M.), nierenförmig.
Kilogram, n. Kilogramm, n.

L.

Labiate, adj. (B.), lippig.
Laboratory, n. Laboratorium, n.
Lac, n. (C.), Lack, m.
Laciniate, adj. (B.), geschlitzt.
Lactate, n. (C.), milchsaures Salz.
Lactic acid, (C.), Milchsäure, f.

Lacunose, adj. (B.), grubig.
Lamellar, adj. (M.), blätterig.
Lamina, n. (B.), Platte, f.; (C. & M.), Blättchen, n.
Lanate, adj. (B.), wollig.
Lanceolate, adj. (B.), lancettlich.
Lanuginous, adj. (B.), wollig.
Lapis-lazuli, n. (M.), Lasurstein, m.
Lard, n. (C.), Schmalz, n.
Latent, adj. (P.), latent, gebunden.
Lateral, adj. (B.), seitlich.
-lateral, adj. (B. & Math.), (in comp.) -seitig.
Latifolious, adj. (B.), breitblätterig.
Latitude, n. Breite, f.
Law, n. Gesetz, n.
Lax, adj. (B.), locker.
Layer, n. (M.), Bank, f.; Flötz, n.; Schicht, f.; Lage, f.
Lead, n. (C.), Blei, n.; *sugar of* —, Bleizucker, m.; *white* —, Bleiweiss, n.; *containing* —, bleihaltig.
Leaden, adj. (C.), bleiern.
Leaf, n. (B.), Blatt, n.; *radical* —, Wurzelblatt, n.
Leafless, adj. (B.), blattlos.
Leaflet, n. (B.), Blättchen, n.
Leg, n. (Math.), Schenkel, m.
Legume, n. (B.), Hülse, f.
Leguminous, adj. (B.), hülsenartig.
Length, n. Länge, f.
Lens, n. (P.), Linse, f.; *diverging* —, Zerstreuungslinse, f.; *converging* —, Sammellinse, f.; *eye*-, Ocularlinse, f.; *field*-, Collectivglas, n., Feldlinse, f.
Lenticular, adj. (B. & M.), linsenförmig.
Level, adj. (P.), wagerecht, eben.
Lever, n. (P.), Hebel, m.
Leyden jar, (P.), Leydene Flasche.

Lichen, n. (B.), Flechte, f.
Liberated, to be, (C.), freiwerden.
Light, n. (P.), Licht, n.; Optik, f.; *beam of* —, *ray of* —, Lichtstrahl, m.; *refraction of* —, Lichtbrechung, f.
Lightning, n. (P.), Blitz, m.; *flash of*—, Blitzstrahl, m.; *-rod*, Blitzableiter, m.
Ligneous, adj. (B.), holzartig.
Ligulate, adj. (B.), bandförmig.
Lime, n. (C.), Kalk, m.; *burnt* —, gebrannter Kalk; *caustic*—, Aetzkalk, m.; *slacked* —, gelöschter Kalk; —*milk*, Kalkmilch, f.; —*stone*, (M),. Kalkstein, m.; —*water*, (C.), Kalkwasser, n.
Linear, adj. (B.), gleichbreit, linear.
Linseed, n. Leinsamen, m.; *-oil*, Leinöl, n.
Liquid, n. (P.), eine tropfbare Flüssigkeit.
Liquid, adj. (P.), flüssig, tropfbar flüssig.
Litharge, n. (M.), Bleiglätte, f.
Lithic compounds, pl. (C.), Lithionverbindungen.
Lithium, n. (C.), Lithion, n., Lithium, n.
Litmus, n. (C.), Lackmus, n.; *-paper*, Lackmuspapier, n.
Lixiviate, to, v. a. (C.), auslaugen.
Loadstone, n. (M. & P.), Magnet, m.
Lobe, n. (B.), Lappen, m.
Lobed, adj. (B.), lappig, gelappt.
Locality, n. (M.), Fundort, f.
-locular, adj. (B.), (in comp.) -fächerig.
Lode, n. (M.), Ader, f., Erzgang, m., Gang, m.
Loment, n. (B.), Gliedhülse, f.
Longitude, n. Länge, f.

Loop, n. (P.), **Schwingungsbauch, m.**
Loricate, adj. (B.), **bepanzert.**
Loss, n. (C.), **Verlust, m.;** — *of weight*, **Gewichtsverlust, m.**
Lustre, n. (M.), **Glanz, m.;** *adamantine* —, **Diamantglanz, m.;** *greasy* —, **Fettglanz, m.;** *metallic* —, **Metallglanz, m.;** *pearly* —, **Perlmutterglanz, m.;** *resinous* —, **Fettglanz, m.;** *vitreous* —, **Glasglanz, m.**
Lute, to, v. a. (C.), **löthen.**
Lye, n. (C.), **Lauge, f.;** *caustic* —, **Aetzlauge, f.**

M.

Macerate, to, v. a. (C.), **einweichen, maceriren.**
Machine, n. **Maschine, f.**
Madder, n. (C.), **Krapp, m.**
Magnesia, n. (C.), **Magnesia, f.**
Magnesium, n. (C.), **Magnesium, n.**
Magnet, n. (P.), **Magnet, m.**
Magnetic, adj. (P.), **magnetisch.**
Magnetism, n. (P.), **Magnetismus, m.**
Magnetize, to, v. a. (P.), **magnetisiren.**
Magnification, n. (P.), **Vergrösserung, f.**
Magnitude, n. **Grösse;** *apparent* —, **scheinbare Grösse;** *linear* —, **Lineargrösse, f.**
Magnifying-glass, n. (P.), **Lupe, f.**
Malic acid, (C.), **Apfelsäure, f.**
Malleable, adj. (M.), **geschmeidig, hämmerbar.**
Malleability, n. (P.), **Hämmerbarkeit, f.**

Manganate, n. (C.), **mangansaures Salz.**
Manganese, n. (C.), **Mangan, n.;** *black oxide of* —, **Braunstein, m.**
Manganic compounds, pl. (C.), **Manganoxydverbindungen.**
Manganous compounds, pl. (C.), **Manganoxydulverbindungen.**
Manifold, adj. **vielfach.**
Manipulation, n. (C.), **Behandlung, f.**
Marble, n. (M.), **Marmor, m.**
Marginal, adj. (B.), **randständig.**
Marl, n. (M.), **Mergel, m.**
Marsh, n. **Sumpf, m.;** —*gas*, n. (C.), **Sumpfgas, n.**
Mass, n. (P.), **Masse, f.**
Massive, adj. (M.), **dicht.**
Match, n. **Zündhölzchen, n., Streichhölzchen, n.**
Material, n. (C.), **Material, n.;** *raw* —, **Rohstoff, m.;** *to work up* —, **Material verarbeiten.**
Matrix, n. (M.), **Gangart, f.**
Matter, n. (P.), **Materie, f.; Stoff, m.**
Mechanics, n. (P.), **Mechanik, f.**
Mechanism, n. **Mechanismus, m.**
Meconic acid, (C.), **Mekonsäure, f.**
Medicine, **Arzenei, f.**
Medium, n. (P.), **Mittel, n., Medium, n.**
Medulla, n. (B.), **Mark, n.**
Medullary, adj. (B.), **markig.**
Melt, to, v. a. & n. **schmelzen.**
Melting-point, n. (C. & P.), **Schmelzpunkt, m.**
Member, n. (B. & Math.), **Glied, n.**
Membranous, adj. (B.), **dünnhäutig.**
Meniscus, n. (P.), **Meniskus, m.**
Menstruum, n. (C.), **Auflösungsmittel, n.**

Mercury, n. (C.), **Quecksilber**, n.; *column of* —, **Quecksilbersäule**, f.
Mesocarp, n. (B.), **Mittelhaut**, f.
Metal, n. (C. & M.), **Metall**, n.; *specular* —, **Spiegelmetall**, n.; *sheet* —, **Blech**, n.
Metallic, adj. (C. & M.), **metallisch**.
Metalliferous, adj. (M.), **metallhaltig**.
Metallurgy, n. **Hüttenkunde**, f., **Metallurgie**, f.
Meteor, n. (Astron.), **Meteor**, m.
Meteorology, n. **Meteorologie**, f.
Mica, n. (M.), **Glimmer**, m.; *–slate*, **Glimmerschiefer**, m.
Micropyle, n. (B.), **Keimloch**, n.
Microscope, n. (P.), **Microscope**, f.; *stage of a* —, **Tischlein**, n.
Middle, n. **Mitte**, f.
Milk, n. **Milch**, f.
Mill, n. **Mühle**, f.; *stamping and crushing* —, **Pochwerk**, n.
Mine, n. **Bergwerk**, n.
Mineral, n. (M.), **Mineral**, n.; — *kingdom*, **Mineralreich**, n.; — *spring*, **Mineralbrunnen**, m.
Mineralogist, m. (M.), **Mineralog**, m.
Mineralogy, n. (M.), **Mineralogie**, f.
Miners, pl. **Bergleute**.
Mining, n. **Bergarbeit**, f.; **Bergbau**, m.
Minium, n. (M.), **Mennige**, f.
Mirage, n. (P.), **Spiegelung**, f.
Mirror, to, v. a. (P.), **spiegeln**.
Mirror, n. (P.), **Spiegel**, m.
Mist, n. (P.), **Nebel**, m.
Mixture, n. (C.), **Mischung**, f., **Gemenge**, n.
Moisture, n. (P.), **Feuchtigkeit**, f.
Molecule, n. (C. & P.), **Molekul**, n.
Molten, adj. **geschmolzen**.
Molybdena, (C.), **Molybdän**, n.

Molybdic compounds, pl. (C.), **Molybdänverbindungen**.
Monadelphous, adj. (B.), **einbrüderig**.
Monandrous, adj. (B.), **einmännig**.
Monochromatic, adj. (P.), **einfarbig**.
Monocotyledonous, adj. (B.), **einlappig**.
Monoecious, adj. (B.), **einhäufig**.
Monogynian, adj. (B.), **einweibig**.
Moraine, n. (M.), **Moräne**, f.; *lateral* —, **Seitenmoräne**, f.; *medial* —, **Mittelmoräne**, f.; *terminal* —, **Endmoräne**, f.
Mordaunt, n. (C.), **Beize**, f.
Morphology, n. (B.), **Morphologie**, f.
Mortar, n. (C.), **Mörtel**, m.
Moss, n. (B.), **Moos**, n.
Mother-liquor, n. (C.), **Mutterlauge**, f.
Motion, n. (P.), **Bewegung**, f.; *circular* —, **Kreisbewegung**, f.; *oscillatory* —, **Schwingungsbewegung**, f.; *rotatory* —, **Rotationsbewegung**, f.
Mountain, n. (M.), **Berg**, m.; *primitive –s*, **Urgebirge**, n.
Mouth, n. **Mündung**, f.
Muck, n. (C.), **Dreck**, m.
Mucic acid, (C.), **Schleimsäure**, f.
Mucronite, adj. (B.), **stachelspitzig**.
Muffle, n. (C.), **Muffel**, f.; *–furnace*, **Muffelofen**, m.
Multi-, (B.), (in comp.) **viel-**.
Muriatic acid, (C.), **Salzsäure**, f.
Mustard, n. (C.), **Senf**, m.; *oil of* —, **Senföl**, n.

N.

Nacelle, n. (C.), **Schiffchen**, n.
Nacreous, adj. (M.), **perlenartig**.

Narcotic, adj. (C.), **narkotisch.**
Native, adj. (B.), **einheimisch;** (M.), **gediegen.**
Nature, n. (P.), **Beschaffenheit; Natur,** f.
Natural, adj. **natürlich;** (P.), **Natur-,** (in comp.).
Naturalist, m. **Naturforscher,** m.
Navicular, adj. (B.), **kahnförmig.**
Nebula, n. (Astron.), **Nebelfleck,** m.
Needle, n. (M.), **Nadel,** f.
Needle-shaped, adj. (B.), **nadelförmig.**
Nerve, n. (B.), **Nerv,** m.
Nerved, adj. (B.), **nervig.**
Netted-veined, adj. (B.), **netzaderig.**
Nickel, n. (C.), **Nickel,** n.
Nickelic compounds, pl. (C.), **Nickeloxydverbindungen.**
Nickelous compounds, pl. (C.), **Nickeloxydulverbindungen.**
Niobium, n. (C.), **Niob,** n.
Nipper-tap, n. (C.), **Quetschhahn,** m.
Nitrate, n. (C.), **salpetersaures Salz, Nitrat,** n.
Nitric acid, (C.), **Salpetersäure,** f.
Nitric oxide, (C.), **Stickoxyd,** n.
Nitric peroxide, (C.), **Untersalpetersäure,** f.
Nitrogen, n. (C.), **Stickstoff,** m.
Nitrogenous, adj. (C.), **stickstoffhaltig.**
Nitrous oxid, (C.), **Stickoxydul,** n.
Nodding, adj. (B.), **nickend.**
Node, n. (B.), **Knoten,** m.; (P.), **Schwingungsknoten,** m.
Nodose, adj. (B.), **knotig.**
Nodule, n. (M.), **Niere,** f.
Nodular, adj. (M.), **nierenartig.**
Non-conductor, n. (P.), **Nichtleiter,** m.

Normal, n. (P.), **Reflexionsperpendikel,** m.
Normal, adj. **normal.**
North, n. **Nord,** m.; *towards the* —, **nach Norden.**
Northern lights, (P.), **Nordlicht,** n.
Notched, adj. (B.), **gekerbt.**
Note, n. (P.), **Ton,** m.
Nucleus, n. **Kern,** m.
Number, n. (Math.), **Zahl,** f., **Nummer,** f.
Numerator, n. (Math.), **Zähler.**
Nut, n. (B.), **Nuss,** f.
Nutant, adj. (B.), **nickend.**
Nutlet, n. (B.), **Nüsschen,** n.
Nutrition, n. (B.), **Nahrung,** f.

O.

Obcordate, adj. (B.), **verkehrtherzförmig.**
Object, n. **Object,** n.; *-glass*, (P.), **Objectiv,** m.
Oblique, adj. **schief, schräge.**
Oblong, adj. **länglich.**
Obovate, adj. (B.), **verkehrteirund.**
Observation, n. (P.), **Beobachtung,** f.; *to make* —, **Beobachtungen anstellen.**
Observatory, n. (Astron.), **Sternwarte,** f.
Obtuse, adj. (Math.), **stumpf.**
Obvolute, adj. (B.), **zwischengerollt.**
Oct-, adj. (B.), (in comp.) **acht-.**
Octahedral, adj. (Math.), **octaëdrisch.**
Octahedron, n. (M.), **Octaëder,** n.
Occur, to, v. n. (C.), **vorkommen.**
Occurrence, n. (C.), **Vorkommen.**
Oil, n. (C.), **Oel,** n.; *-cloth*, **Wachstuch,** n.
Oil, to, v. a. **schmieren:**

Oily, adj. **oleaginös.**
Oleic acid, (C.), **Oelsäure,** f.
Olefiant, adj. (C.), **ölbildend.**
Opalesce, to, v. n. (M.), **opalisiren.**
Opalescence, n. (M.), **Farbenspiel,** n.
Opaque, adj. (P.), **undurchsichtig.**
Operation, n. (C.), **Process,** m.
Operculum, n. (B.), **Deckel,** m.
Opium, n. (C.), **Opium.**
Opposite, adj. (B.), **gegenüberstehend.**
Optics, n. (P.), **Optik,** f., **Licht,** n.
Orbiculate, adj. (B)., **kreisrund.**
Orbit, n. (Astron.), **Planetenbahn,** f.
Ore, n. (M.), **Erz,** n.
Organ, n. (B.), **Organ,** n.
Organic, adj. (C.), **organisch.**
Origin, n. **Ursprung,** m.
Originate, to, v. n. **entstehen.**
Orpiment, n. (C.), **Operment,** n.
Orthotropous, adj. (B.), **geradläufig.**
Oscillate, to, v. n. (P.), **oscilliren.**
Oscillation, n. (P.), **Schwingung,** f.; *duration of —,* **Schwingungsdauer,** f.; *number of —s,* **Schwingungszahl,** f.
Osmium, n. (C.), **Osmium,** n.
Ounce, n. **Unze,** f.
Outline, n. **Umriss,** m.
Ovary, n. (B.), **Eierstock,** m., **Fruchtknoten,** m.
Ovate, adj. (B.), **eiförmig.**
Oversaturated, adj. (C.), **übersättigt.**
Ovule, n. (B.), **Ei,** n.
Oxalic acid, (C.), **Oxalsäure,** f., **Kleesäure,** f.
Oxidation, n. (C.), **Oxydation,** f.; *degree of —,* **Oxydationsstufe,** f.
Oxide, n. (C.), **Oxyd,** n.
Oxidizable, adj. (C.), **oxydationsfähig.**
Oxidize, to, v. a. (C.), **oxydiren.**
Oxidized, to become, (C.), **sich oxydiren.**
Oxygen, n. (C.), **Sauerstoff,** m.
Oxy-hydrogen blow-pipe, (C.), **Knallgebläse,** f.
Ozone, n. (C.), **Ozon,** n.

P.

Paint, n. (C.), **Anstrichfarbe,** f.
Palea, n. (B.), **Spelze,** f.; **Spreublättchen,** n.
Paleontology, n. **Paläontologie,** f.
Palladium, n. (C.), **Palladium,** n.
Palmate, adj. (B.), **handförmig.**
Panicle, n. (B.), **Rispe,** f.
Papilionaceous, adj. (B.), **schmetterlingsartig.**
Parabola, n. (Math.), **Parabola,** f.
Parallel, adj. **parallel.**
Parallelogram, n. (Math.), **Rechteck,** m.
Parasite, n. (B.), **Schmarotzer,** m.
Parchment, n. (C.), **Pergament,** n.
Parenchyma, n. (B.), **Parenchym,** n.
Parietal, adj. (B.), **wandständig.**
Part, n. **Theil,** m.; *constituent —,* **Bestandtheil,** m.; *accessory —,* **Nebentheil,** m.
Parted, adj. (B.), **getheilt.**
Particle, n. (P.), **Theilchen,** n.
Partition, n. **Scheidewand,** f.
Pass (over into), to, v. n. (P.), **übergehen.**
Pass over, to, v. a. (P.), **zurücklegen.**
Paste, n. **Kleister,** m.
Path, n. (Astron. & P.), **Bahn,** f.
Pearl, n. **Perle,** f.; *—ash,* **Perlasche,** f.; *mother of —,* **Perlmutter,** f.
Pectinate, adj. (B.), **kammförmig.**
Pedicel, n. (B.), **Blüthenstielchen,** n.

Peduncle, n. (B.), **Blüthenstiel**, m.
Pellucidity, n. (M. & P.), **Pellucidität**.
Peltate, adj. (B.), **schildförmig**.
Pencil, n. (P.), **Büschel**, n.
Pendulum, n. (P.), **Pendel**, m.; *–bob*, **Pendellinse**, f.
Pendent, adj. (B.), **hängend**.
Penta-, (B.), (in comp.) **fünf-**.
Per-, (C.), (in comp.) **Ueber-**.
Per cent, (C.), **Procent**.
Percolate, to, v. n. **sickern**.
Perennial, adj. (B.), **ausdauernd**.
Perfect, adj. (B.), **vollkommen**.
Perfoliate, adj. (B.), **durchwachsen**.
Perforate, adj. (B.), **durchlöchert**.
Perianth, n. (B.), **Blüthendecke**, f.
Pericarp, n. (B.), **Fruchthülle**, f.
Perigonium, n. (B.), **Blüthenhülle**, f.
Perigynium, n. (B.), **Stempelhülle**, f.
Perimeter, n. (Math.), **Umfang**, m.
Period, n. (P.), **Zeitabschnitt**, m.
Periphery, n. (Math.), **Umkreis**, m., **Peripherie**, f.
Perisperm, n. (B.), **Kernmasse**, f.
Peristome, n. (B.), **Peristom**, n.
Persistent, adj. (B.), **bleibend**.
Perturbation, n. (Astron.), **Störung**, f.
Pestle, n. **Stempel**, m.
Petal, n. (B.) **Blumenblatt**, n.
-petallous, adj. (B.), (in comp.) **-petalisch**.
Petiole, n. (B.), **Blattstiel**, m.
Petioled, adj. (B.), **gestielt**.
Petrifaction, n. (M.), **Versteinerung**, f., **Petrefakt**, n.
Petroleum, n. (C. & M.), **Petroleum**, n., **Steinöl**, n.
Phanerogams, pl. (B.), **Phanerogamen**.

Phenomenon, n. (P.), **Erscheinung**, f., **Phänomen**, n.
Phosgene gas, (C.), **Phosgen**, n.
Phosphate, n. (C.), **Phosphat**, n., **phosphorsaures Salz**.
Phosphite, n. (C.), **phosphorigsaures Salz**.
Phosphorus, n. (C.), **Phosphor**, m.
Phosphoric acid, (C.), **Phosphorsäure**.
Phosphorous acid, (C.), **phosphorige Säure**.
Phosphuretted hydrogen, (C.), **Phosphorwasserstoffsäure**, f.
Phthalic acid, (C.), **Phtalsäure**, f.
-phyllous, adj. (B.), (in comp.) **-phyllisch**.
Physical, adj. (P.), **physikalisch**.
Physicist, m. (P.), **Physiker**, m.
Physics, n. (P.), **Physik**, f.
Picric acid, (C.), **Pikrinsäure**, f.
Pile, n. (P.), **Säule**, f.
Pilose, adj. (B.), **haarig**.
Pinnate, adj. (B.), **gefiedert**; *interruptedly –*, **unterbrochen-gefiedert**.
Pinnately, adv. (B.), **fiederartig**.
Pipette, n. (C. & P.), **Pipette**, f.
Pistil, n. (B.), **Stempel**, m., **Pistill**, n.
Piston, n. (P.), **Stempel**, m., **Kolben**, m.
Pit, n. (M.), **Grube**, f.
Pitch, n. (C.), **Pech**, n.
Pith, n. (B.), **Mark**, n.
Pivot, n. **Zapfen**, m.
Placenta, n. (B.), **Samenträger**.
Plaited, adj. (B.), **gefaltet**.
Plane, n. (P.), **Ebene**, f.; *inclined –*, **schiefe Ebene**.
Plant, n. (B.), **Pflanze**, f.
Plaster, n. (C.), **Mörtel**, m.; *– of Paris*, **Gyps**, m.

Plastic, adj. **plastisch.**
Platinum, n. (C.), **Platin,** n.; — *sponge*, **Platinschwamm,** m.
Plicate, adj. (B.), **gefaltet.**
Plumbic compounds, (C.), **Bleiverbindungen,** pl.
Plumbiferous, adj. (C.), **bleihaltig.**
Plumb-line, **Bleiloth,** n.
Plumose, adj. (B.), **federig.**
Plumule, n. (B.), **Blattfederchen,** n.
Plutonic, adj. (M.), **plutonisch.**
Pneumatic trough, (C. & P.), **pneumatische Wanne.**
Pneumatics, n. (P.), **Pneumatik,** f.
Pod, n. (B.), **Schote,** f.
Podosperm, n. (B.), **Keimgang,** m.
Poison, (C.), **Gift,** n.
Poisonous, adj. (C.), **giftig.**
Point, **Spitze,** f.
Pointed, adj. (B.), **spitz.**
Polarity, n. (P.), **Polarität,** f.
Polarization, n. (P.), **Polarisirung,** f.
Polarized, adj. (P.), **polarisirt.**
Pole, n. (P.), **Pol,** m.
Polish, n. **Politur,** f.; *susceptible of a* —, **politurfähig,** adj.
Pollen, n. (B.), **Blüthenstaub,** m., **Pollen,** m.
Poly-, (B.), (in comp.) **viel-.**
Polychromatic, adj. (P.), **vielfarbig.**
Polygonal, adj. (Math.), **vielseitig.**
Ponderable, adj. (P.), **wägbar.**
Porcelain, n. **Porzellan,** n.
Pore, n. (B.), **Pore,** f.
Position, n. (P.), **Stellung,** f.
Potash, n. (C.), **Kali,** n.; *caustic* —, **Aetzkali,** n.; *prussiate of* —, **Blutlaugensalz,** n.; —*lye*, **Kalilauge,** f.
Potassa, n. (C.), **Kali,** n.
Potassic hydrate, (C.), **Kalihydrat,** n.
Potassium, n. (C.), **Kalium,** n.
Pouch, n. (B.), **Beutel,** m.

Powder, n. **Pulver,** n.
Power, n. (Math.), **Potenz,** f.; (P.), **Kraft,** f.; *motive* —, **Triebkraft,** f.
Praemorse, adj. (B.), **abgebissen.**
Precious, adj. (M.), **edel.**
Precipitant, n. (C.), **Fällungsmittel,** n.
Precipitate, n. (C.), **Niederschlag,** m.
Precipitate, to, v. a. (C.), **fällen.**
Pressure, n. (P.), **Druck,** m.; *atmospheric* —, **Luftdruck,** m.; *counter* —, **Widerdruck,** m.; *hydraulic* —, **Wasserdruck,** m.; —*gauge*, **Druckmesser,** m.
Primary, adj. (M.), **primär, Haupt-,** (in comp.).
Primordial, adj. (B.), **uranfänglich.**
Prism, n. (M. & P.), **Prisma,** n.
Prismatic, adj. (P.), **prismatisch.**
Process, n. (C.), **Verfahren,** n., **Prozess,** m., **Vorgang,** m.
Procumbent, adj. (B.), **liegend.**
Produce, to, v. a. (P.), **hervorbringen, erzeugen.**
Products, pl. (C.), **Erzeugnisse.**
Proliferous, adj. (B.), **sprossend.**
Projectile, adj. (P.), **Wurf-** (in comp.).
Propagation, n. (B. & P.), **Fortpflanzung,** f.
Property, n. (C. & P.), **Eigenschaft,** f.
Proportion, n. (C. & Math.), **Verhältniss,** n.; *in definite* —, **nach festen Verhältnissen;** *the law of multiple* —*s*, **das Gesetz der multiplen Proportionen.**
Protoxide, n. (C.), **Oxydul,** n.
Prussiate, n. (C.), **blausaures Salz.**
Prussic acid, (C.), **Blausäure,** f.
Pseudomorphs, pl. (M.), **Pseudomorphosen;** — *by alteration,*

Umwandlungs-Pseudomorphosen;
— by *incrustation*, **Umhüllungs-Pseudomorphosen**; — by *replacement*, **Verdrängungs-Pseudomorphosen**.
Pseudomorphous, adj. (M.), **pseudomorph**; — *crystals*, pl. **Afterkrystalle**.
Pubescent, adj. (B.), **flaumhaarig**.
Pudding-stone, n. (M.), **Nagelfluh**, n.
Pulley, n. **Flaschenzug**, n.
Pulverize, to, v. a. (C.), **pulverisiren**.
Pulverulent, adj. **staubartig**.
Pulvinate, adj. (B.), **polsterförmig**.
Pungent, adj. (C.), **stechend, scharf**.
Pure, adj. (C.), **rein**; *chemically* —, **chemisch rein**; (C. & M.), **gediegen**.
Purify, to, v. a. (C.), **reinigen**.
Putrefaction, n. (C.), **Fäulniss**, f.
Putrefy, to, v. n. (C.), **verfaulen**.
Pyrites, n. (M.), **Kies**, m.
Pyroligneous acid, (C.), **brenzliche Holzsäure**, f.

Q.

Quadri-, (B. & Math.), (in comp.) **vier-**.
Quality, n. **Qualität**, f.
Qualitative, adj. (C.), **qualitativ**.
Quake, n. **Beben**, n.
Quantity, n. **Quantität**, f.; **Menge**, f.
Quantitative, adj. (C.), **quantitativ**.
Quarry, n. **Steinbruch**, m.
Quarz, n. (M.), **Quarz**, m.
Quick-lime, n. (C.), **ungelöschter Kalk**.
Quicksilver, n. (C.), **Quecksilber**, n.
Quinine, n. (C.), **Chinin**, n.
Quotient, n. (Math.), **Theilzähler**, m.

R.

Raceme, n. (B.), **Blüthentraube**, f.
Radiate, to, v. a. (P.), **ausstrahlen**.
Radiate, adj. (B.), **strahlig**.
Radiation, n. (P.), **Strahlung**, f.
Radical, adj. (B.), **wurzelständig**; **Wurzel-** (in comp.); (C.), **Radical**, n.; (Math.), -*sign*, **Wurzelzeichen**, n.
Radicle, n. (B.), **Würzelchen**, n.
Radius, n. (Math.), **Radius**, m.
Rain, n. **Regen**, m.
Ramification, n. (B.), **Verästelung**, f.
Ramose, adj. (B.), **ästig**.
Range, n. (P.), **Tragweite**, f.
Raphe, n. (B.), **Samennaht**, f.
Rare, adj. (M.), **selten**; (P.), **dünn**.
Rarified, adj. (P.), **verdünnt**.
Ratio, n. (Math.), **Verhältniss**, n.; *in the* — *of two to three*, **im Verhältniss von zwei zu drei**.
Raw, adj. **roh**.
Ray, n. (P.), **Strahl**, m.; *pencil of* -*s*, **Strahlenbüschel**, m.; — *of light*, **Lichtstrahl**, m.
Re-, (B.), (in comp.), **zurück-**.
React, to, v. n. (C.), **reagiren**; (P.), **zurückwirken**.
Reaction, n. (C.), **Reaction**, f.; *to have an acid* —, **sauer reagiren**; (P.), **Gegenwirkung**, f.
Reagent, n. (C.), **Reagens**, n.
Rebound, to, v. n. (P.), **zurückprallen**.
Receiver, n. (C.), **Vorlage**, f.; (P.), **Glocke**, f.
Receptacle, n. (B.), **Fruchtboden**, m.
Recipient, n. (C.), **Vorlage**, f.
Rectangle, n. (Math.), **Rechteck**, n.
Rectification, n. (C.), **Rectificiren**, n.
Rectify, to, v. a. (C.), **rectificiren**.
Red-heat, n. (C.), **Rothglühhitze**, f.

Red-short, adj. rothbrüchig.
Reduce, to, v. a. (C.), reduciren.
Reduction, n. (C.), **Reduction**, f.
Refine, to, v. a. (C.), reinigen, raffiniren.
Reflect, to, v. a. (P.), reflektiren.
Reflection, n. (P.), **Reflexion**.
Reflexed, adj. (B.), zurückgebogen.
Refract, to, v. a. (P.), brechen.
Refracted, adj. (B.), zurückgeknickt.
Refraction, n. (P.), **Brechung**, f.
Refractory, adj. (C.), schwerflüssig.
Refrangibility, n. (P.), **Brechbarkeit**, f.
Regular, adj. regelmässig.
Reguline, adj. (C.), regulinisch.
Reniform, adj. (B. & M.), nierenförmig.
Repand, adj. (B.), randschweifig.
Repel, to, v. a. (P.), zurückstossen.
Replace, to, v. a. (C.), ersetzen.
Replacement, n. (C.), **Ersetzung**, f.; (M.), **Verdrängung**, f.
Report, n. **Knall**, m.
Repulsion, n. (P.), **Zurückstossung**, f.
Research, n. (C.), **Arbeit**, f.
Residuum, n. (C.), **Rückstand**, m.; **Bodensatz**, m.
Resin, n. (C.), **Harz**, n.
Resinous, adj. (C.), harzig.
Resistance, n. (P.), **Widerstand**, m.
Resound, to, v. n. (P.), zurückschallen.
Rest, n. (P.), **Ruhe**, f.
Reticulated, adj. (B.), netzaderig.
Retort, n. (C.), **Retorte**, f.
Retroaction, n. (P.), **Rückwirkung**, f.
Retrograde, adj. (P.), rückgängig.
Revolute, adj. (B.), zurückgerollt.
Reverberatory furnace, n. (C.), **Flammenofen**, m.

Revolve, to, v. n. (P.), sich umdrehen.
Revolution, n. (P.), **Umdrehung**, f.
Rhizoma, n. (B.), **Wurzelstock**, m.
Rhodium, n. (C.), **Rhodium**, n.
Rhomb, n. (Math.), **Raute**, f.
Rhombic, adj. (M.), rhombisch.
Rhombohedron, n. (M.), **Rhomboëder**, n.
Rib, n. (B.), **Rippe**, f.
Rich, adj. (M.), reich.
Ringent, adj. (B.), rachig.
Roast, to, v. a. (M.), rösten.
Rock, n. (M.), **Fels**, m., **Gestein**, n.; *primitive —*, **Urgestein**, n.; *species of —*, **Felsart**, f.; *—crystal*, **Bergkrystall**, m.; *—salt*, **Steinsalz**, n.
Rod, n. (C.), **Stab**, m.; (P.), **Stange**, f.
Roll-brimstone, n. (C.), **Stangenschwefel**, m.
Root, n. (B.), **Wurzel**, f.; *—stock*, **Wurzelstock**, m.; *bulbous —*, **Zwiebelwurzel**, f.
Rosin, n. (C.), **Harz**, n.
Rostrate, adj. (B.), geschnäbelt.
Rot, to, v. n. (C.), verfaulen.
Rotate, to, v. n. (P.), rotiren, sich umdrehen.
Rotate, adj. (B.), radförmig.
Rotation, n. (P.), **Rotation**, f., **Umdrehung**, f.
Rotund, adj. (B.), rund.
Rouge, n. (C.), **Schminke**, f.
Rough, adj. (M.), rauh.
Round, adj. rund.
Rubble, n. (M.), **Gerölle**, n.
Ruby, n. (M.), **Rubin**, m.
Rugose, adj. (B.), runzelig.
Rust, to, v. n. (C.), rosten.
Rust, n. (C.), **Rost**, m.
Ruthenium, n. (C.), **Ruthenium**, n.

S.

Sac, n. (B.), Säckchen, n.
Saccharic acid, (C.), Zuckersäure, f.
Safety-valve, (P.), Sicherheitsventil, n.
Sagittate, adj. (B.), pfeilförmig.
Sal-ammoniac, n. (C.), Salmiak, m.
Salicylic acid, (C.), Salicylsäure, f.
Saline, adj. (C.), salzig.
Salt, n. (C.), Salz, n.; common —, Kochsalz, n.; Epsom —, Bittersalz, n.; —cake, Salzkuchen, m.
Saltpetre, n. (C.), Salpeter, m.
Salver-shaped, adj. (B.), tellerförmig.
Samara, n. (B.), Flügelfrucht, f.
Sand, n. (M.), Sand, m.; —bath, (C.), Sandbad, n.; —stone, (M.), Sandstein, m.
Sap, n. (B.), Saft, m.; —duct, Saftgang, m.
Saponification, n. (C.), Verseifung, f.
Saponify, to, v. a. (C.), verseifen.
Saturate, to, v. a. (C.), sättigen.
Saturation n. (C.), Sättigung, f.
Scabrous, adj. (B.), scharf.
Scalene, adj. (Math.), ungleichseitig.
Scales, n. (C. & P.), Wage, f. (B.), Schuppen, pl.
Scaly, adj. (B.), schuppig.
Scape, n. (B.), Schaft, m.
Scar, n. (B.), Narbe, f.
Schist, n. (M.), Schiefer, m.
Schistose, adj. (M.), schieferartig.
Science, n. Wissenschaft, f.; natural —, Naturwissenschaft, f.
Scientific, adj. wissenschaftlich.
Scope, n. (P.), Spielraum, m.
Scoria, n. (M.), Schlacke, f.
Screw, n. Schraube, f.
Sealing-wax, n. Siegellack, n.

Seam, n. (M.), Flötz, n.
Sea, n. Meer, n.; —weed, (B.), Algen, pl.
Sebacic acid, (C.), Fettsäure, f.
Sebate, (C.), fettsaures Salz.
Secant, n. (Math.), Sekante, f.
Sectile, adj. (M.), mild.
Section, n. (Math.), Schnitt, m.
Sediment, n. (C.), Bodensatz, m.
Sedimentary, adj. (M.), sedimentär.
Seed, n. (B.), Same, f.; propagation by —, Besamung, f.
Segment, n. (Math.), Abschnitt, m.; Bogenschnitt, m.
Segregate, adj. (B.), abgesondert.
Selenic acid, (C.), Selensäure, f.
Selenide, n. (C.), Selenmetall, n.
Selenium, n. (C.), Selen, n.
Selenious acid, (C.), selenige Säure, f.
Semi-, (B.), (in comp.) halb-.
Sepal, n. (B.), Kelchblatt, n.
-sepalous, adj. (B.), (in comp.) -blättrig.
Separate, to, v. a. (C.), trennen; scheiden.
Separating-funnel, (C.), Scheidetrichter, m.
Separation, n. (C.), Trennung, f.; Scheidung, f.
Septum, n. (B.), Scheidewand, f.
Series, n. (C.), Reihe, f.
Serrate, adj. (B.), gesägt.
Sessile, adj. (B.), sitzend.
Setaceous, adj. (B.), borstenartig.
Sex, n. (B.), Geschlecht, n.
Sex-, (B.), (in comp.) sechs-.
Shadow, n. (P.), Schatten, m.
Shaft, n. (M.), Schacht, m.
Shale, n. (M.), Schiefer, m.
Sheath, n. (B.), Scheide, f.
Shock, n. (P.), Schlag, m.

Shoot, n. (B.), **Schoss**, m.; *side–*, **Nebenschoss**, m.
Shooting-star, n. (Astron.), **Sternschnuppe**, f.
Shrub, n. (B.), **Strauch**, m.
Shrubby, adj. (B.), **strauchartig**.
Side, n. **Wand**, f.; **Seite**, f.; (Math.), **Schenkel**, m.
Sifting-apparatus, (C.), **Beutelapparat**, n.
Sight, n. (P.), **Sehen**, n.; *line of —*, **Sehlinie**, f.
Sign, n. **Zeichen**, n.
Silica, n. (C.), **Kieselerde**, f.
Silicate, n. (C.), **kieselsaures Salz**, n.
Silicic acid, (C.), **Kieselsäure**, f.
Silicious, adj. (C.), **kieselartig**.
Silicon, n. (C.), **Silicium**, n.
Siliquose, adj. (B.), **schotenartig**.
Silver, n. (C.), **Silber**, n.
Simple, adj. (C.), **einfach**.
Sine, n. (Math.), **Sinus**, m.
Sinter, n. (M.), **Sinter**, m.
Sinuate, adj. (B.), **buchtig**.
Slag, n. (M.), **Schlacke**, f.
Slake, to, v. a. (C.), **löschen**.
Slate, n. (M.), **Schiefer**, m.
Smalt, n. (C.), **Smalte**, f.
Smaltine, n. (M.), **Speisekobalt**, m.
Smell, n. (C.), **Geruch**, m.; *without —*, **geruchlos**, adj.
Smelt, to, v. a. & n. (C.), **schmelzen**.
Smelting-house, n. **Hütte**, f.
Smooth, adj. (P.), **glatt**.
Snow, n. **Schnee**, m.; *the line of perpetual —*, **Schneelinie**, f.
Soap, n. **Seife**, f.; *–stone*, (M.), **Seifenstein**, m.
Soboliferous, adj. (B.), **wurzelsprossend**.
Soda, n. (C.), **Soda**, f.; *–alum*, **Natronalaun**, m.; *–ash*, **Soda**, f.; *caustic —*, **Aetznatron**, n.
Sodium, n. (C.), **Natrium**, n.
Sodic hydrate, (C.), **Natronhydrat**, n.
Sodic oxide, (C.), **Natron**, n.; **Natriumoxyd**.
Soft, adj. **weich**.
Soil, n. (B.), **Boden**, m.
Solder, to, v. a. **löthen**.
Solubility, n. (C.), **Löslichkeit**, f.
Soluble, adj. (C.), **löslich**.
Solution, n. (C.), **Auflösung**, f.
Solvent, adj. (C.), **Lösungsmittel**, n.
Sonorous, adj. (P.), **tönend**.
Soot, n. **Russ**, m.
Sound, n. (P.), **Schall**, m.
Sound, to, v. n. (P.), **tönen**.
Sounding-board, n. (P.), **Schallboden**, m.
Source, n. (P.), **Ursprung**, m.
South, n. (P.), **Süd**, m.
Sowing, n. (B.), **Saat**, f.
Space, n. (P.), **Raum**, m.; **Weltraum**, m.; *intermediate —*, **Zwischenraum**, m.
Spadix, n. (B.), **Kolben**, m.
Spar, n. (M.), **Spath**, m.; *heavy —*, **Schwerspath**, m.
Spathe, n. (B.), **Blüthenscheide**, f.
Species, n. (B.), **Art**, f.; (M.), **Species**, f.
Specific, adj. (P.), **specifisch**.
Spectral analysis, (C.), **Spectralanalyse**, f.
Spectrum, n. (C. & P.), **Spectrum**, n.
Specular, adj. (M.), **Spiegel-**, (in comp.).
Speculum, n. (P.), **Spiegel**, m.
Spermaceti, n. (C.), **Wallrath**, m.
-spermous, adj. (B.), (in comp.) **-samig**.
Sphere, n. **Sphäre**, f.

Spherical, adj. (P.), **kugelig**.
Spicate, adj. (B.), **ährig**.
Spike, n. (B.), **Aehre**, f.
Spindle-shaped, adj. (B.), **spindelförmig**.
Spine, n. (B.), **Dorn**, m.
Spiral, adj. (B.), **schraubenförmig**; *-duct*, **Spiralgefäss**, n.
Spirit, n. (C.), **Geist**, m.
Spirituous, adj. (C.), **geistig**.
Splintery, adj. (M.), **splitterig**.
Sponge, n. **Schwamm**, m.
Sporangium, n. (B.), **Sporangium**, n.
Spore, n. (B.), **Spore**, f.
Sporocarp, n. (B.), **Sporenfrucht**, f.
Spring, n. **Brunnen**, m.; (P.), **Feder**, f.
Spur, n. (B.), **Sporn**, m.
Square, n. (Math.), **Viereck**, n.
Square, adj. (Math.), **viereckig**; **Quadrat-**, (in comp.).
Stage (of a microscope), n. (P.), **Tischlein**, n.
Stalactite, n. (M.), **Stalaktit**, m.
Stalagmite, n. (M.), **Stalagmit**, m.
Stalk, n. **Stengel**, m.
Stamen, n. (B.), **Staubblatt**, n.
Stamping-mill, n. **Stampfmühle**, f.
Stand, n. (C. & P.), **Stativ**, n.
Standard, n. (B.), **Fahne**, f.
Standard, adj. (P.), **normal**.
Stannate, n. (C.), **zinnsaures Salz**.
Stannic acid, (C.), **Zinnsäure**, f.
Stannic chloride, (C.), **Zinnchlorid**, n.
Stannous chloride, (C.), **Zinnchlorür**, n.
Starch, n. (B. & C.), **Stärkemehl**, n.
Star, n. (Astron.), **Stern**, m.; *a — of first magnitude*, ein Stern erster Grösse; *shooting-*, **Sternschnuppe**, f.

State, n. (P.), **Zustand**, m.; *— of aggregation*, **Aggregatzustand**, m.; *intermediate —*, **Zwischenzustand**, m.
Steam, n. (P.), **Wasserdampf**, m.; *-engine*, **Dampfmaschine**, f.
Stearine, n. (C.), **Stearin**, m.
Stearic acid, (C.), **Stearinsäure**, f.
Steatite, n. (M.), **Speckstein**, m.
Steel, n. **Stahl**, m.
Stellate, adj. (B. & M.), **sternförmig**.
Stem, n. (B.), **Stamm**, m.
Sterile, adj. (B.), **unfruchtbar**.
Stigma, n. (B.), **Narbe**, f.
Still, n. (C.), **Destillirgefäss**, n.; *worm of a —*, **Schlangenrohr**, n.
Stipule, n. (B.), **Nebenblatt**, n.
Stochiometry, n. (C.), **Stöchiometrie**, f.
Stolon, n. (B.), **Sprosser**, m.
Stomate, n. (B.), **Mündung**, f.
Stone, n. (M.), **Stein**, m.
Straight, adj. **gerade**.
Stratification, n. (M.), **Schichtung**, f.
Stratified, adj. (M.), **geschichtet**.
Stratum, n. (M.), **Schicht**, f.
Stream, n. (P.), **Strom**, m.
Striated, adj. (B. & M.), **gestreift**.
Strike, *to*, v. a. (P.), **treffen**.
Strontia, n. (C.), **Strontian**, m.
Strontium, n. (C.), **Strontium**, n.
Strophiole, n. (B.), **Nabelanhang**, m.
Struma, n. (B.), **Kropf**, m.
Stuffing-box, n. **Stopfbüchse**, f.
Stulm, n. (M.), **Stollen**, m.
Style, n. (B.), **Griffel**, m.
Subdivision, n. (B. & M.), **Unterabtheilung**, f.
Suberic acid, (C.), **Korksäure**, f.
Subgenus, n. (B.), **Untergattung**, f.
Sublimate, v. a. (C.), **sublimiren**.

Sublimate, n. (C.), **Sublimat,** n.; *corrosive* —, **Aetzquecksilber,** n.
Subsoil, n. (M.), **Untererdschicht,** f.
Subspecies, n. (B.), **Unterart,** f.
Substance, n. (C.), **Substanz,** f.
Substitution, n. (C.), **Vertretung,** f.
Subtract, to, v. a. (Math.), **subtrahiren.**
Subvariety, n. (B.), **Untervarietät,** f.
Succinic acid, (C.), **Bernsteinsäure,** f.
Succulent, adj. (B.), **saftig.**
Sugar, n. (C.), **Zucker,** m.
Sulphate, n. (C.), **schwefelsaures Salz, Sulfat,** n.
Sulphide, n. (C.), **Schwefelmetall,** n., **Sulfid,** n., **sulfür,** n.
Sulphocyanic acid, (C.), **Rhodanwasserstoffsäure,** f.
Sulphocyanates, pl. (C.), **Rhodanverbindungen.**
Sulphur, n. (C.), **Schwefel,** m.; *flower of* —, **Schwefelblumen,** pl.
Sulphurate, to, v. a. (C.), **schwefeln.**
Sulphuretted hydrogen, (C.), **Schwefelwasserstoff,** m.
Sulphuric acid, (C.), **Schwefelsäure,** f.
Sulphurous acid, (C.), **schweflige Säure.**
Sum, n. **Summa,** f.
Sun, n. (Astron.), **Sonne,** f.
Super-, (C.), (in comp.) **Ueber-.**
Support, n. (P.), **Unterlage,** f.; **Stütze,** f.
Surface, n. (P.), **Oberfläche,** f.
Suture, n. (B.), **Naht,** f.
Symbol, n. (C.), **Symbol,** n.
Sword-shaped, adj. (B.), **schwertförmig.**
Symmetrical, adj. (B.), **symmetrisch.**

Synantherous, adj. (B.), **verwachsenbeutelig.**
Syphon, n. (P.), **Heber,** m.
System, n. (B.), **System,** n.

T.

Talc, n. (M.), **Talk,** m.
Tallow, n. (C.), **Talg,** m.
Tan, to, v. a. **gerben.**
Tangent, n. (Math.), **Tangente,** f.
Tannic acid, (C.), **Gerbsäure,** f.
Tannin, n. (C.), **Gerbstoff,** m.
Tantalum, n. (C.), **Tantal,** n.
Tar, n. (C.), **Theer,** m.
Tartar, n. (C.), **Weinstein,** m.; — *emetic,* **Brechweinstein,** m.
Tartaric acid, (C.), **Weinsäure,** f.
Taste, n. (P.), **Geschmack,** m.; *without* —, **geschmacklos,** adj.
Taxonomy, n. (B.), **Pflanzensystematik,** f.
Telescope, n. (P.), **Fernrohr,** n.
Tellurium, n. (C.), **Tellur,** n.
Temperature, n. (P.), **Temperatur,** f.
Tendril, n. (B.), **Ranke,** f.
Tension, n. (P.), **Spannung,** f.
Terete, adj. (B.), **stielrund.**
Terminal, adj. (B.), **gipfelständig.**
Tertiary, adj. (M.), **tertiär.**
Tesseral, adj. (M.), **tesseral.**
Test, n. (C.), **Prüfung,** f.; *preliminary* —, **Vorprüfung,** f.
Test-tube, n. (C.), **Probirröhrchen,** n.
Testa, n. (B.), **Samenschale,** f.
Tetra-, (B.), (in comp.) **vier-.**
Tetrahedral, adj. (Math.), **vierflächig.**
Tetrahedron, n. (M.), **Tetraëder,** n.
Texture, n. (M.), **Gefüge,** m.
Thallium, n. (C.), **Thallium,** n.
Theine, n. (C.), **Theïn,** n.

Theoretical, adj. **theoretisch.**
Theory, n. **Theorie,** f.
Thermometer, n. (P.), **Thermometer,** m.; *bulb of* —, **Thermometerkugel,** f.
Thorium, n. (C.), **Thorium,** n.
Thorn, n. (B.), **Dorn,** m.
Thread-shaped, adj. (B.), **fadenförmig.**
Throat, n. (B.), **Schlund,** m.
Thunder, n. (P.), **Donner,** m.
Thyrsus, n. (B.), **Strauss,** m.
Timbre, n. (P.), **Tonfarbe,** f.
Time, **Zeit,** f.
Tin, n. (C.), **Zinn,** n.; *-foil,* n. **Stanniol,** n.
Tinsel, n. (C.), **Rauschgold,** n.
Tissue, n. **Gewebe,** n.; *cellular* —, **Zellgewebe,** n.
Titanium, n. (C.), **Titan,** n.
Titanic acid, (C.), **Titansäure,** f.
Titrate, to, v. n. (C.), **titriren.**
Titration, n. **Titrirung,** f.
Tomentose, adj. (B.), **filzig.**
Tone, n. (P.), **Ton,** m.
Tongs, (C.), **Zange,** f.
Toothed, adj. (B.), **gezähnt.**
Top, n. (B.), **Gipfel,** m.
Torose, adj. (B.), **wulstig.**
Torsion, n. (P.), **Torsion,** f., **Drehung,** f.
Trace, n. (C.), **Spur,** f.
Track, n. (P.), **Bahn,** f.
Tract, n. (P.), **Strecke,** f.
Traction, (P.), **Zug,** m.
Tragacanth, n. (C.), **Tragacanth.**
Transfulgent, adj. (P.), **durchleuchtend.**
Translucent, adj. (P.), **durchscheinend.**
Transmit, to, v. a. (P.), **durchlassen.**

Transition, n. (P.), **Uebergang,** m.; *-rocks,* **Uebergangsgebirge,** m.
Trap, n. (M.), **Trapp,** m.
Treat, to, v. a. (C.), **behandeln.**
Tree, n. (B.), **Baum,** m.
Triangle, n. (Math.), **Dreieck,** n.
Tri-, (B.), (in comp.) **drei-.**
Tropic, n. **Wendekreis,** m.
Truncate, adj. (B.), **abgeschnitten.**
Truncated, adj. (M. & Math.), **abgestumpft.**
Trunk, n. (B.), **Stamm,** m.
Tube, u. (C.), **Röhre,** f.
Tuber, n. (B.), **Knollen,** m.
Tubercle, n. (B.), **Höckerchen,** n.
Tumeric, n. (B. & C.), **Kurkuma,** f.
Tungsten, n. (C.), **Wolfram,** n.
Tunicate, adj. (B.), **schalig.**
Tuning-fork, n. (P.), **Stimmgabel,** f.
Turbid, adj. (C.), **trübe.**
Turio, n. (B.), **Stockknospe,** f.
Turn, to, v. a. (P.), **drehen.**
Turning (of the scales), n. (P.), **Ausschlag,** m.
Turpentine, n. (C.), **Terpentin,** m.; *spirits of* —, **Terpentingeist,** m.
Twig, n. (B.), **Ast,** m.
Twining, adj. (B.)., **windend.**
Twins, pl. (M.), **Zwillinge.**
Tympanium, n. (P.), **Trommel,** f.

U.

Umbel, n. (B.), **Dolde,** f.
Umbellate, adj. (B.), **doldig.**
Umbilicate, adj. (B.), **genabelt.**
Uncinate, adj. (B.), **hakig.**
Undecomposable, adj. (C.), **unzerlegbar.**
Undershort, adj. (P.), **unterschlächtig.**
Undulatory, adj. (P.), **wellenförmig.**

Unequally, adj. (B.), **ungleichpaarig**.
Unguiculate, adj. (B.), **benagelt**.
Uni-, (B.), (in comp.) **ein-**.
Union, n. (C. & P.), **Vereinigung**, f.
Universe, n. **Weltall**, n.
Unslaked, adj. (C.), **ungelöscht**.
Unstable, adj. (C.), **unbeständig**.
Uranium, n. (C.), **Uran**, n.
Urate, n. (C.), **harnsaures Salz**.
Urea, n. (C.), **Harnstoff**, m.
Uric acid, (C.), **Harnsäure**, f.
Urine, n. (C.), **Harn**, m.
Utricle, n. (B.), **Schlauch**, m.
Utricular, adj. (B.), **schlauchartig**.

V.

Vacuum, n. (P.), **leerer Raum, Leere**, f.
Vaginate, adj. (B.), **bescheidet**.
Valvate, adj. (B.), **klappig**.
Valve, n. (B.), **Klappe**, f.; (P.), **Ventil**, n.
Vanadium, n. (C.), **Vanadin**, n.
Vapor, n. (P.), **Dunst**, m., **Dampf**, m.; *aqueous* —, **Wasserdampf**, m.
Variegated, adj. (B. & M.), **bunt**.
Variety, n. (B. & M.), **Abart**, f.
Varnish, n. (C.), **Firniss**, m.
Vascular, adj. (B.), **Gefäss-** (in comp.).
Vat, n. **Küpe**, f.
Vegetable, n. (B.), **Gemüse**, n.
Vegetable, adj. (B.), **Pflanzen-** (in comp.).
Vegetation, n. (B.), **Vegetation**, f.
Vehicle, n. (P.), **Träger**, m.
Vein, n. (B. & M.), **Ader**, f.; (M.), **Gang**, m.
Veined, adj. (B.), **geadert**.
Velocity, n. (P.), **Geschwindigkeit**, f.; *initial* —, **Anfangsgeschwindigkeit**, f.; *terminal* —, **Endgeschwindigkeit**, f.
Ventral, adj. (B.), **Bauch-** (in comp.).
Verdigris, n. (C.), **Grünspan**, m.
Vermilion, n. (C.), **Zinnober**, m.
Vernation, n. (B.), **Knospenlage**, f.
Verrucose, adj. (B.), **warzig**.
Vertex, n. (B. & Math.), **Scheitel**, m.
Vertical, adj. (B. & Math.), **scheitelrecht**.
Verticil, n. **Wirtel**, m.
Verticillate, adj. (B.), **wirtelig**.
Vesicle, n. (B.), **Blase**, f.
Vesicular, adj. (B.), **blasenartig**.
Vessel, n. (B. & C.), **Gefäss**, n.
Vexillum, n. (B.), **Fahne**, f.
Vibrate, *to*, v. n. (P.), **vibriren**.
Vibration, n. (P.), **Schwingung**, f.
Villose, adj. (B.), **haarig**.
Vine, n. (B.), **Rebe**, f.
Vinegar, n. (C.), **Essig**, m.
Virgate, adj. (B.), **ruthenförmig**.
Viscous, adj. (P.), **zähflüssig**.
Visible, adj. (P.), **leuchtend; sichtbar**.
Vision, n. (P.), **Gesicht**, n.; *axis of* —, **Sehachse**, f.
Vitreous, adj. (M. & P.), **Glas-** (in comp.).
Vitriol, n. (C.), **Vitriol**, m.; *blue* —, **Kupfervitriol**, m.; *green* —, **Eisenvitriol**, m.; *oil of* —, **Vitriolöl**, n., **Schwefelsäure**, f.
Voice, n. (P.), **Stimme**, f.
Volatile, adj. (C.), **flüchtig**.
Volatilize, *to*, v. n. (C.), **sich verflüchtigen**.
Volcanic, adj. (M.), **vulkanisch**.
Volcano, n. (M.), **Vulkan**, m.
Voltaic, adj. (P.), **voltaisch**.
Voluble, adj. (B.), **windend**.
Volumetric, adj. (C.), **volumetrisch**.

Vortex, n. (P.), **Wirbel**, m.
Vulcanized, adj. (C.), **vulkanisirt**.

W.

Wall, n. **Wand**, f.
Warm, adj. (P.), **warm**.
Wash, to, v. a. (C.), **auswaschen**.
Wash-bottle, n. (C.), **Spritzflasche**, f.
Washing, n. (C.), **Auswaschen**, n.
Wash-water, n. (C.), **Waschwasser**, n.
Water, n. (C.), **Wasser**, n.; *-power*, (P.), **Wasserkraft**, f.; *-spout*, **Wasserhose**, f.; *-wheel*, **Wasserrad**, n.; *height of* —, **Wasserstand**, m.; *jet of* —, **Wasserstrahl**, m.; *to drive off the* —, **entwässern**, v. a.
Water-tight, adj. **wasserdicht**.
Wave, n. (P.), **Welle**, f.; *-motion*, **Wellenbewegung**, f.
Wavy, adj. (B.), **wellenförmig**.
Wax, n. (C.), **Wachs**, n.
Way, n. (C. & P.), **Weg**, m.; *in the wet* —, (C.), **auf nassem Wege**.
Weather, n. (P.), **Wetter**, n.
Weathered, adj. (M.), **verwittert**.
Wedge-shaped, adj. (B.), **keilförmig**.
Weigh, to, v. a. (C. & P.), **wägen**; v. n. **wiegen**.
Weigh off, to, v. a. (C.), **abwägen**.
Weight, n. (C. & P.), **Gewicht**, n.; *atomic* —, **Atomgewicht**, n.; *combining* —, **Verbindungsgewicht**, n.; *loss of* —, **Gewichtsverlust**, m.; *molecular* —, **Moleculargewicht**, n.
Wet, adj. (C.), **nass**.
Wheel, n. **Rad**, n.; *-work*, n. **Räderwerk**, n.
Wheel-shaped, adj. (B.), **radförmig**.
Whorl, n. (B.), **Quirl**, m.
Whorled, adj. (B.), **quirlförmig**.
Wind, n. (P.), **Wind**, m.
Wine, n. **Wein**, m.; *spirits of* —, (C.), **Weingeist**, m.
Wing, n. (B.), **Flügel**, m.
Winged, adj. (B.), **geflügelt**.
Wood, n. (B.), **Holz**, n.
Woody, adj. (B.), **holzig**.
Wooly, adj. (B.), **wollig**.
World, n. **Welt**, f.
Work, n. (P.), **Arbeit**, f.

Y.

Yeast, n. (B.), **Hefe**, f.
Yield, n. (C.), **Ausbeute**, f.
Yttrium, n. (C.), **Yttrium**, n.
Yttria, n. (C.), **Yttererde**, f.

Z.

Zenith, n. (Astron.), **Zenith**, m.
Zero, (P.), **Null**, f.; **Nullgrad**, m.
Zinc, n. (C.), **Zink**, n.
Zincic oxide, (C.), **Zinkoxyd**, n.
Zircon, n. (M.), **Zirkon**, m.
Zirconia, n. (C.), **Zirkonerde**, f.
Zirconium, n. (C.), **Zirkonium**, n.
Zodiac, n. (Astron.), **Zodiak**, m.

NEW BOOKS ON EDUCATION.

I do not think that you have ever printed a book on education that is not worthy to go on any "Teacher's Reading List," and the best list. — DR. WILLIAM T. HARRIS.

Compayré's History of Pedagogy.

Translated by Professor W. H. PAYNE, University of Michigan. Price by mail, $1.75.
The best and most comprehensive history of education in English. — Dr. G. S. HALL.

Gill's Systems of Education.

An account of the systems advocated by eminent educationists. Price by mail, $1.10.
I can say truly that I think it eminently worthy of a place on the Chautauqua Reading List, because it treats ably of the Lancaster and Bell movement in Education, — a *very important* phase. — Dr. WILLIAM T. HARRIS.

Radestock's Habit in Education.

With an Introduction by Dr. G. STANLEY HALL. Price by mail, 65 cents.
It will prove a rare "find" to teachers who are seeking to ground themselves in the philosophy of their art. — E. H. RUSSELL, Prin. of Normal School, Worcester, Mass.

Rousseau's Émile.

Price by mail, 85 cents.
There are fifty pages of Émile that should be bound in velvet and gold. — VOLTAIRE.
Perhaps the most influential book ever written on the subject of education. — R. H. QUICK.

Pestalozzi's Leonard and Gertrude.

With an Introduction by Dr. G. STANLEY HALL. Price by mail, 85 cents.
If we except Rousseau's "Émile" only, no more important educational book has appeared for a century and a half than Pestalozzi's "Leonard and Gertrude." — *The Nation.*

Richter's Levana; The Doctrine of Education.

A book that will tend to build up that department of education which is most neglected, and yet needs most care — home training. Price by mail, $1.35.
A spirited and scholarly book. — Prof. W. H. PAYNE, University of Michigan.

Rosmini's Method in Education.

Price by mail, $1.75.
The best of the Italian books on education. — Editor *London Journal of Education.*

Hall's Methods of Teaching History.

A symposium of eminent teachers of history. Price by mail, $1.40.
Its excellence and helpfulness ought to secure it many readers. — *The Nation.*

Bibliography of Pedagogical Literature.

Carefully selected and annotated by Dr. G. STANLEY HALL. Price by mail, $1.75.

Lectures to Kindergartners.

By ELIZABETH P. PEABODY. Price by mail, $1.10.

Monographs on Education. (25 cents each.)

D. C. HEATH & CO., Publishers,
BOSTON, NEW YORK, AND CHICAGO.

SCIENCE.

Organic Chemistry:

An Introduction to the Study of the Compounds of Carbon. By IRA REMSEN, Professor of Chemistry, Johns Hopkins University, Baltimore. x + 364 pages. Cloth. Price by mail, $1.30; Introduction price, $1.20.

The Elements of Inorganic Chemistry:

Descriptive and Qualitative. By JAMES H. SHEPARD, Instructor in Chemistry in the Ypsilanti High School, Michigan. xxii + 377 pages. Cloth. Price by mail, $1.25; Introduction price, $1.12.

The Elements of Chemical Arithmetic:

With a Short System of Elementary Qualitative Analysis. By J. MILNOR COIT, M.A., Ph.D., Instructor in Chemistry, St. Paul's School, Concord, N.H. iv + 89 pages. Cloth. Price by mail, 55 cts.; Introduction price, 50 cts.

The Laboratory Note-Book.

For Students using any Chemistry. Giving printed forms for "taking notes" and working out formulæ. Board covers. Cloth back. 192 pages. Price by mail, 40 cts.; Introduction price, 35 cts.

Elementary Course in Practical Zoölogy.

By B. P. COLTON, A.M., Instructor in Biology, Ottawa High School.

First Book of Geology.

By N. S. SHALER, Professor of Palæontology, Harvard University. 272 pages, with 130 figures in the text. 74 pages additional in Teachers' Edition. Price by mail, $1.10; Introduction price, $1.00.

Guides for Science-Teaching.

Published under the auspices of the Boston Society of Natural History. For teachers who desire to practically instruct classes in Natural History, and designed to supply such information as they are not likely to get from any other source. 26 to 200 pages each. Paper.

I. HYATT'S ABOUT PEBBLES, 10 cts.
II. GOODALE'S FEW COMMON PLANTS, 15 cts.
III. HYATT'S COMMERCIAL AND OTHER SPONGES, 20 cts.
IV. AGASSIZ'S FIRST LESSON IN NATURAL HISTORY, 20 cts.
V. HYATT'S CORALS AND ECHINODERMS, 20 cts.
VI. HYATT'S MOLLUSCA, 25 cts.
VII. HYATT'S WORMS AND CRUSTACEA, 25 cts.
XII. CROSBY'S COMMON MINERALS AND ROCKS, 40 cts. Cloth, 60 cts.
XIII. RICHARDS' FIRST LESSONS IN MINERALS, 10 cts.

The Astronomical Lantern.

By Rev. JAMES FREEMAN CLARKE. Intended to familiarize students with the constellations by comparing them with fac-similes on the lantern face. Price of the Lantern, in improved form, with seventeen slides and a copy of "How TO FIND THE STARS," $4.50.

How to Find the Stars.

By Rev. JAMES FREEMAN CLARKE. Designed to aid the beginner in becoming better acquainted, in the easiest way, with the visible starry heavens.

D. C. HEATH & CO., Publishers,

3 TREMONT PLACE, BOSTON.

MODERN LANGUAGES.

Sheldon's Short German Grammar.

Irving J. Manatt, *Prof. of Modern Languages, Marietta College, Ohio:* I can say, after going over every page of it carefully in the class-room, that it is admirably adapted to its purpose.

Oscar Howes, *Prof. of German, Chicago University:* For beginners, it is superior to any grammar with which I am acquainted.

Joseph Milliken, *formerly Prof. of Modern Languages, Ohio State University:* There is nothing in English equal to it.

Deutsch's Select German Reader.

Frederick Lutz, *recent Prof. of German, Harvard University:* After having used it for nearly one year, I can *conscientiously* say that it is an *excellent* book, and well adapted to beginners.

H. C. G. Brandt, *Prof. of German, Hamilton College:* I think it an excellent book. I shall use it for a beginner's reader.

Henry Johnson, *Prof. of Modern Languages, Bowdoin College, Brunswick, Me.:* Use in the class-room has proved to me the excellence of the book.

Sylvester Primer, *Prof. of Modern Languages, College of Charleston, S.C.:* I beg leave to say that I consider it an excellent little book for beginners.

Boisen's Preparatory German Prose.

Hermann Huss, *Prof. of German, Princeton College:* I have been using it, and it gives me a great deal of satisfaction.

A. H. Mixer, *Prof. of Modern Languages, University of Rochester, N.Y.:* It answers to my idea of an elementary reader better than any I have yet seen.

C. Woodward Hutson, *Prof. of Modern Languages, University of Mississippi:* I have been using it. I have never met with so good a first reading-book in any language.

Oscar Faulhaber, *Prof. of Modern Languages, Phillips Exeter Academy, N.H.:* A professional teacher and an intelligent mind will regard the Reader as unexcelled.

Grimm's Märchen.

Henry Johnson, *Prof. of Mod. Lang., Bowdoin Coll.:* It has excellent work in it.

Boston Advertiser: Teachers and students of German owe a debt of thanks to the editor.

The Beacon, *Boston:* A capital book for beginners. The editor has done his work remarkably well.

Hauff's Märchen: Das Kalte Herz.

G. H. Horswell, *Prof. of Modern Languages, Northwestern Univ. Prep. School, Evanston, Ill.:* It is prepared with critical scholarship and judicious annotation. I shall use it in my classes next term.

The Academy, *Syracuse, N.Y.:* The notes seem unusually well prepared.

Unity, *Chicago:* It is decidedly better than anything we have previously seen. Any book so well made must soon have many friends among teachers and students.

Hodge's Course in Scientific German.

Albert C. Hale, *recent President of School of Mines, Golden, Col.:* We have never been better pleased with any book we have used.

Ybarra's Practical Spanish Method.

B. H. Nash, *Prof. of the Spanish and Italian Languages, Harvard Univ.:* The work has some very marked merits. The author evidently had a well-defined plan, which he carries out with admirable consistency.

Alf. Hennequin, *Dept. of Mod. Langs., University of Michigan:* The method is thoroughly practical, and quite original. The book will be used by me in the University.

For Terms for Introduction apply to

D. C. HEATH & CO., Publishers,
BOSTON, NEW YORK, AND CHICAGO.

HISTORY.

Students and Teachers of History will find the following to be invaluable aids:—

Studies in General History.

(1000 B.C. to 1880 A.D.) *An Application of the Scientific Method to the Teaching of History.* By MARY D. SHELDON, formerly Professor of History in Wellesley College. This book has been prepared in order that the general student may share in the advantages of the Seminary Method of Instruction. It is a collection of historic material, interspersed with problems whose answers the student must work out for himself from original historical data. In this way he is trained to deal with the original historical data of his own time. In short, it may be termed *an exercise book in history and politics.* Price by mail, $1.75.

THE TEACHER'S MANUAL contains the continuous statement of the results which should be gained from the History, and embodies the teacher's part of the work, being made up of summaries, explanations, and suggestions for essays and examinations. Price by mail, 85 cents.

Sheldon's Studies in Greek and Roman History.

Meets the needs of students preparing for college, of schools in which Ancient History takes the place of General History, and of students who have used an ordinary manual, and wish to make a spirited and helpful review. Price by mail, $1.10.

Methods of Teaching and Studying History.

Edited by G. STANLEY HALL, Professor of Psychology and Pedagogy in Johns Hopkins University. Contains, in the form most likely to be of direct practical utility to teachers, as well as to students and readers of history, the opinions and modes of instruction, actual or ideal, of eminent and representative specialists in leading American and English universities. Price by mail, $1.40.

Select Bibliography of Church History.

By J. A. FISHER, Johns Hopkins University. Price by mail, 20 cents.

History Topics for High Schools and Colleges.

With an *Introduction upon the Topical Method of Instruction in History.* By WILLIAM FRANCIS ALLEN, Professor in the University of Wisconsin. Price by mail, 30 cents.

Large Outline Map of the United States.

Edited by EDWARD CHANNING, PH.D., and ALBERT B. HART, PH.D., Instructors in History in Harvard University. For the use of Classes in History, in Geography, and in Geology. Price by mail, 60 cents.

Small Outline Map of the United States.

For the Desk of the Pupil. Prepared by EDWARD CHANNING, PH.D., and ALBERT B. HART, PH.D., Instructors in Harvard University. Price, 2 cents each, or $1.50 per hundred.

We publish also small Outline Maps of North America, South America, Europe, Central and Western Europe, Asia, Africa, Great Britain, and the World on Mercator's Projection. These maps will be found invaluable to classes in history, for use in locating prominent historical points, and for indicating physical features, political boundaries, and the progress of historical growth. Price, 2 cents each, or $1.50 per hundred.

Political and Physical Wall Maps.

We handle both the JOHNSTON and STANFORD series, and can always supply teachers and schools at the lowest rates. Correspondence solicited.

D. C. HEATH & CO., Publishers,
BOSTON, NEW YORK, AND CHICAGO.

www.ingramcontent.com/pod-product-compliance
Lightning Source LLC
Chambersburg PA
CBHW031438160426
43195CB00010BB/774